大山壇の 基本から身につける

数学I・Aの

計算力

代々木ゼミナール講師

大山 壇

＊この本には赤色チェックシートがついています。

はじめに

　科学技術の進歩により，いままで人間が膨大な時間とコストをかけてこなしてきた仕事を，機械やコンピュータ・AIがより速く正確に処理するようになってきました。そのため，人間による単純作業の仕事は減り，よりクリエイティブな発想や思考力が求められる時代になってきましたし，今後ますますその傾向は強くなるでしょう。

　そんな時代の流れもあってか，高校までの勉強（そして大学入試）も，知識の詰め込みよりも柔軟かつ論理的な思考力を重視するようになってきました。筆者もこの方針自体は賛同しています。しかし，これを，「思考力が大切だから知識は不要！」と言うのはちがいます。

　たとえば，目の前に木材だけがあってもイスはつくれません。

- ●ノコギリやカナヅチ，クギや接着剤などの最低限の道具
- ●どのようなデザインのイスをつくるかという設計プラン

が必要ですよね。勉強においても，問題（木材）から答え（イス）にたどり着くための知識（道具）と思考力（設計プラン）が必要です。道具のない設計プランに実現性がないように，知識不足の思考力はなんの生産性もありません。

　一方，中高生や浪人生が勉強するようすを見ていると，膨大な学習量に追われてしまうためか，「とりあえず暗記」という知識の詰め込みに走ってしまい，理解不足による基礎力・定着力のなさが多々見受けられます。つまり，思考しないで知識を暗記することが勉強であるという勘違い状態になってしまっているのです。前述のイスの例で言えば，ある1つのイスはどんな道具でどうつくればいいのかは覚えているけど，ちょっとデザインのちがうイスはつくれず，ましてやソファのようなイスなど，設計プランを知らないから絶対につくれない……そんな状態なのです。

　結局のところ，知識と思考力はどちらも大切で，どちらかに偏ったバランスの悪い勉強はどこかで行き詰まります。

　では，具体的にはどのように高校数学を学習するべきなのかと言うと，

- ❶　定義の理解
- ❷　公式・定理の理解
- ❸　原理・原則の理解と基礎計算の練習
- ❹　頻出問題（教科書の例題レベル）の解法理解

の4つが，まずは大切です。もちろん，高いレベルを目指すためには必要な勉強がもっと増えますが，まずはこの4つをクリアすることが大切です。

　しかし，前述のとおり，「とりあえず暗記」に走ってしまう人が多く，その

人たちは❶〜❸を軽視し，❹だけに時間をかけるような勉強（しかも，「理解」ではなく，ただの暗記）をくり返し，定期テストはなんとか乗り越えても1年後には何も覚えていなかったり，少しでも形式がちがう出題には対応できない状態になってしまったりしがちです。その状態で受験生になっても，土台がきちんとつくられていないので成績も思うように伸びません。何事も基礎からきちんと積み上げていくことが大切なのです。網羅性を重視した参考書・問題集では，何が基礎で何が応用・発展なのかがわかりにくく，体系的な学習のための土台づくりが難しい場合があります。そこで，❶〜❸，つまり，基礎事項の習得と基礎計算の練習だけにポイントを絞って学習できるよう，この本を執筆しました。

　本書は，定期テストで6〜7割，全国模試で平均点をきっちり取るための必要最低限の基礎事項のみを扱っています。入試までをこの1冊だけでクリアしてもらおうとは筆者は考えておらず，そのため，網羅性や発展事項の扱いなどは少なめです。本当に大切な基礎事項や考え方を定着させ，計算力を鍛えることを重視しているからです。したがって，読者のみなさんには，本書を踏み台にして，よりレベルの高い網羅性のある問題集・参考書にステップアップしてもらいたいと思っています。

　たとえどれだけ勉強しても，入試には初見の問題が出題されます。そのときに役立つのは，浅はかな解法暗記ではなく，基礎の深い理解とパワフルな計算力です。公式や定理そのものではなく導出アイディアが使えることもあるし，計算力があれば複数の方針をトライできます。思考力は試行力です。計算力が足りない受験生は試験時間内に1つの方針でしか試せず，また暗算力がないので先が見えない解き方をしてしまうのです。計算力があれば複数の方針を試すことができ，先に何が待っているかを予測できるので，初見の問題でも得点できるようになるのです。より高いレベルを目指すための土台づくりに，本書を役立ててください。

大山　壇

赤色チェックシートの使い方

　本書の 例題 と 類題 の解説では，筆者が暗算している部分や心の中のつぶやきを赤字で書いてあります。したがって，シートで隠した状態で読めるものが実際の紙に書くものです。それを参考にして，計算力アップに役立ててください。

CONTENTS

4

本文イラスト：沢音　千尋

この本について

この本の読者対象

- 教科書の問題を解くのにも手間どる
- 教科書の問題は解けるけど，型どおりにしか解けない
- 「うまい解き方を知りたいけど，そんな都合のいいやり方なんてない。地道に解くしかない」と思い込んでいる

などの症状が表れている人向けの，「計算力」養成用参考書です。学校の授業の予習・復習，定期テスト対策，一般的な入試対策のあらゆる用途にバッチリ対応しているので，この本を使えば，もう「計算力」で悩むことはなくなります。

この本の特長

- 公式や重要な考え方を，基本からミッチリ教えます。
- 多くの学習者がつまずいている「教科書レベルから入試レベルへの跳躍」を可能にします。
- 一見ウラ技，でもじつは汎用性の高い解法（「オモテ技」）まで，出し惜しみせず披露します。

この本の構成

- 「テーマ」を基本単位とし，全30「テーマ」からなります。
- 赤字で書かれた部分は，著者の頭の中ではたらいている思考回路を再現しています。
- 例題 で学んだ解法が確認できるよう，「テーマ」の末尾に 類題 があります。
- **Dan's Point** では，その「テーマ」で最も重要な考え方をまとめています。
- 補足 では，学習者にとって弱点となりがちだけど重要な考え方をまとめています。また，ほかにも，注意 ・ 発展 ・ 別解 ・ 例外 ・ 証明 ・参考 と，さまざまな角度からの分析が示されています。
- 類題 の解答・解説は別冊に収録されています。

この本の対象レベル

大手予備校模試での偏差値が45前後の学習者をおもな読者ターゲットに設定していますが，その前後の偏差値にいる学習者が読んでも十分に満足できる仕上がりです。代々木ゼミナールで基礎から応用まで幅広く教えてくれると大評判の人気講師・大山先生が，全員まとめて面倒見ちゃいます。

第 **1** 章

数値計算・多項式

テーマ **1** ～ テーマ **6**

数値計算の工夫

① 足し算・引き算 --

　たとえば2桁の整数どうしの足し算は，小学生のときに学習しますが，そのときに大量のドリルで計算した経験からなのか，同じように計算する高校生・浪人生をよく目にします。本来であれば，成長段階にあわせて自然にアップデートされて，ある程度の暗算はできるようになるはずですが，「最初に学習したとおりに計算しなければいけない」という強迫観念にとらわれたままなのでしょう。

　というわけで，本書のスタートは，

　　　　　整数の足し算・引き算をできる限り暗算する！

からです。

例1

　たとえば，$73+49$ を計算するときに，右のように筆算すると「小さい位から計算していく」わけですが，逆に大きい位から計算したほうが概数を大きくはずすことがありません。つまり，

$$\begin{array}{r} 73 \\ + 49 \\ \hline 122 \end{array}$$

　　　十の位に注目して　$70+40=110$

　　　一の位に注目して　$3+9=12$

> この結果を覚えておいて……

だから，答は $110+12=122$ と表せます。

　ほかにも，49 を $50-1$ と考えて，

$$\begin{aligned} 73+49 &= (70+3)+(50-1) \\ &= (70+50)+(3-1) \\ &= 120+2 \\ &= 122 \end{aligned}$$

> 50って，なんとなく計算しやすいですよね

としてみるのもイイ方法ですね。

　失敗を恐れずに，いろいろ試してみてください！

例2

「引き算」も「足し算」と同じように大きい位から計算するのですが，符号への注意が必要です。たとえば，$63-27$ は，

　　　　十の位に注目して　$60-20=40$

　　　　一の位に注目して　$3-7=-4$

だから，答は $40+(-4)=36$ といった具合です。

　しかし，この方法はやはり，符号が混乱する可能性があるので，筆者は次のように考えています。

　$63-27$ は「63 と 27 の差」だから，両方に
3 を足して「66 と 30 の差」でも答は同じはず。◀

$$63-27=(63+3)-(27+3)$$
$$=66-30$$

　つまり，

$$63-27=66-30$$
$$=36$$

　引き算は「引く数」がきれいなほうが計算しやすいので，引く数（この **例2**
では 27）の一の位を 0 にするように，両方に同じ数を足してから全体の引き算
を実行するということです。

例 題 ❶

　次の計算をせよ。

(1)　$26+42$ 　　(2)　$48+37$ 　　(3)　$35+28+71$

(4)　$38-25$ 　　(5)　$53-26$ 　　(6)　$237-191$

解 説

(1)　$20+40=60$ を覚えておいて，一の位は $6+2=8$ だから，
$$26+42=\underline{\underline{68}}$$

(2)　$40+30=70$ を覚えておいて，一の位は $8+7=15$ だから，
$$48+37=70+15=\underline{\underline{85}}$$

(3)　$30+20+70=120$ を覚えておいて，一の位は $5+8+1=14$ だから，
$$35+28+71=120+14=\underline{\underline{134}}$$

(4)　十の位も一の位も，38 のほうが大きいから，それぞれの位で引き算して，
$$十の位：3-2=1$$
$$の位：8-5-3$$
$$38-25=\underline{\underline{13}}$$

(5)　26 を 30 にしたほうが引きやすいから，両方に 4 を足しておいて，
$$53-26=57-30=\underline{\underline{27}}$$

(6)　一の位は $7-1=6$ とわかるから，$230-190$ を(5)と同様に考えて，
$$230-190=240-200=40$$
$$237-191=40+6=\underline{\underline{46}}$$

② かけ算 -

かけ算も大きい位から計算し，「少し覚えておく」ということが重要です。

例3

62×7 であれば，60×7＝420 を覚えておいて，
一の位の 2×7＝14 とあわせることで，

$$62×7＝420＋14$$
$$＝434$$

とします。

> この「覚えておく」練習
> をすることで，脳が鍛え
> られます！

例4

(偶数)×(5 の倍数)は一度分解してから 10 を作ります。

たとえば 12×45 なら，12 を 6・2 に，45 を 5・9 に分解して，

$$12×45＝6・2・5・9$$
$$＝(6・9)・(2・5)$$
$$＝54・10$$
$$＝540$$

> かけ算の順序は入れかえ
> ても OK！

とすると安全です。

例5

十の位の数字が同じだったら，展開公式の利用を考えます。たとえば，

$$27×23＝(20＋7)(20＋3)$$
$$＝20^2＋(7＋3)・20＋7・3$$
$$＝400＋200＋21$$
$$＝621$$

> 公式：$(x＋a)(x＋b)$
> $＝x^2＋(a＋b)x＋ab$

とできます。

また，この例なら，

> 公式：$(a＋b)(a－b)＝a^2－b^2$

$$27×23＝(25＋2)(25－2)$$
$$＝25^2－2^2$$
$$＝625－4$$
$$＝621$$

> 一の位が 5 の数を $10a＋5$ と表すと，
> $(10a＋5)^2＝100a^2＋100a＋25$
> $＝100a(a＋1)＋25$
> と表せるので，$a×(a＋1)$を百の位に書
> いて下 2 桁は 25 です。
> $$25^2＝6\,25,\quad 45^2＝20\,25$$
> $$\underset{2×3}{}\qquad\underset{4×5}{}$$

とするのもウマいですね。

例 題 ❷

次の計算をせよ。

(1) 75×3 (2) 6×35 (3) 63×11 (4) 34×37

解 説

(1) $70 \times 3 = 210$ を覚えておいて，一の位は $5 \times 3 = 15$ だから，

$$75 \times 3 = 210 + 15$$
$$= \underline{\underline{225}}$$

(2) $6 = 2 \cdot 3$，$35 = 5 \cdot 7$ と分解して，順序を入れかえれば，

$$6 \times 35 = (3 \cdot 7) \cdot (2 \cdot 5)$$
$$= 21 \cdot 10$$
$$= 210$$

(3) 「$\times 11$」は「10倍と1倍を足す」と考えて，

$$63 \times 11 = 63 \cdot 10 + 63 \cdot 1$$
$$= 630 + 63$$
$$= \underline{\underline{693}}$$

(4) 十の位が同じ数字だから，展開公式を利用して，

$$34 \times 37 = (30 + 4)(30 + 7)$$
$$= 30^2 + (4 + 7) \cdot 30 + 4 \cdot 7$$
$$= 900 + 330 + 28$$
$$= \underline{\underline{1258}}$$

Dan's Point

　整数の足し算・引き算・かけ算を，いつまでも小学生っぽい方法で計算せずに，大きい位から計算して概数をイメージし，少し覚えておいて暗算！

▶解答と解説は別冊p.1

類 題（基本 2分）

次の計算をせよ。

(1) $36 + 85$ (2) $53 - 37$ (3) $29 + 43 - 36$
(4) 67×5 (5) 15×24 (6) 68×63

平方根の計算

❶ √ の四則演算 --

まず、√ という記号の定義から確認します。次の2つの文章は正しいでしょうか？

(ア) 9の平方根は3である。　　(イ) $\sqrt{25} = \pm 5$

√ に限らず、それぞれの記号や言葉の定義を正しく理解することは大切です。

定　義

$a \geqq 0$ のとき、

❶ x についての方程式 $x^2 = a$ の解を、a の平方根と言う。

❷ a の平方根のうち正のものを $\sqrt{a}$、負のものを $-\sqrt{a}$ と書く。

＊通常、a の平方根は正と負の2つがあります。
（**例外** $a = 0$ の場合は、0の1つだけです）

したがって、

9の平方根は、$x^2 = 9$ の解だから、± 3 の2つ。

$\sqrt{25}$ は25の平方根のうち正のものを表すから、$\sqrt{25} = 5$。

なので、上の(ア)と(イ)はどちらも正しくありません。

■ √ のかけ算・割り算

さて、√ の基本的な性質として、

性　質

$a \geqq 0$、$b \geqq 0$ のとき、

❶ $\sqrt{a} \cdot \sqrt{b} = \sqrt{ab}$　　**❷** $\dfrac{\sqrt{a}}{\sqrt{b}} = \sqrt{\dfrac{a}{b}}$

があります。ようするに

√ どうしのかけ算・割り算は、中身のかけ算・割り算

ということです。

この性質を利用することで、次のように計算できます。

例1

(1) $\sqrt{3} \cdot \sqrt{5} = \sqrt{3 \cdot 5} = \sqrt{15}$

(2) $\dfrac{\sqrt{21}}{\sqrt{3}} = \sqrt{\dfrac{21}{3}} = \sqrt{7}$

(3) $\sqrt{75} = \sqrt{25 \cdot 3} = \sqrt{25} \cdot \sqrt{3} = 5\sqrt{3}$

上の(3)のように，$\sqrt{}$ の中に2乗された数があれば，$\sqrt{}$ がはずせるので

$2^2 = 4, \quad 3^2 = 9, \quad 4^2 = 16, \quad 5^2 = 25,$

$6^2 = 36, \quad 7^2 = 49, \quad 8^2 = 64, \quad 9^2 = 81,$

$10^2 = 100, \quad \cdots\cdots$

> このような数を平方数と言います

といった数を見つける習慣をつけましょう。

■ $\sqrt{}$ の足し算・引き算

$\sqrt{}$ の数どうしの足し算・引き算は

文字式の足し算・引き算と同様

に考えられます。

例2

(1) $3\sqrt{2} + \sqrt{2} = 3 \cdot \sqrt{2} + 1 \cdot \sqrt{2}$

$\qquad\qquad\quad = (3+1) \cdot \sqrt{2}$

$\qquad\qquad\quad = 4\sqrt{2}$

> $3a + a = (3+1)a$
> $\qquad = 4a$
> と同様です！

(2) $7\sqrt{5} - 9\sqrt{5} = (7-9)\sqrt{5}$

$\qquad\qquad\quad = -2\sqrt{5}$

(3) $3\sqrt{7} + 2\sqrt{3}$ は $\sqrt{}$ の中身が異なる

ので，これ以上何もできません。

> $3a + 2b$ がこれ以上計算できないのと同様

(4) $\sqrt{12} - \sqrt{27}$ は，(3)と同様にこれ以上何もできないように見えますが，

$\sqrt{12} = \sqrt{4 \cdot 3} = \sqrt{4} \cdot \sqrt{3} = 2\sqrt{3}$

$\sqrt{27} = \sqrt{9 \cdot 3} = \sqrt{9} \cdot \sqrt{3} = 3\sqrt{3}$

と表せるので，

$\sqrt{12} - \sqrt{27} = 2\sqrt{3} - 3\sqrt{3}$

$\qquad\qquad\qquad = (2-3)\sqrt{3}$

$\qquad\qquad\qquad = -\sqrt{3}$

と計算できます。

次の式を計算せよ。

(1) $\sqrt{15} \cdot \sqrt{35}$　　(2) $\sqrt{(-3)^2}$　　(3) $\dfrac{12}{\sqrt{6}}$

(4) $\sqrt{48} + \sqrt{27}$　　(5) $\sqrt{45} - \sqrt{125}$　　(6) $(3+\sqrt{8})(4-\sqrt{50})$

 解 説

(1) $\sqrt{15} \cdot \sqrt{35} = \sqrt{3 \cdot 5} \cdot \sqrt{5 \cdot 7}$
$= (\sqrt{5} \cdot \sqrt{5}) \cdot (\sqrt{3} \cdot \sqrt{7})$ ◀── かけ算の順番を交換！
$= \underline{\underline{5\sqrt{21}}}$

(2) $\sqrt{(-3)^2} = \sqrt{9}$
$= \underline{\underline{3}}$

> **注意** $\sqrt{}$ の中が（　）の2乗だからといって，安易に，
> $$\sqrt{(-3)^2} = -3$$
> としてはダメ。定義で確認したとおり「$\sqrt{}$ は正の数」ですよ！

(3) $\dfrac{12}{\sqrt{6}} = \dfrac{2 \cdot 6}{\sqrt{6}}$

$= \dfrac{2 \cdot \sqrt{6} \cdot \sqrt{6}}{\sqrt{6}}$ ◀── 次ページの「分母の有理化」で考えることもできますが，このように「約分」したほうが速い！

$= \underline{\underline{2\sqrt{6}}}$

(4) $\sqrt{48} + \sqrt{27} = \sqrt{16 \cdot 3} + \sqrt{9 \cdot 3}$
$= 4\sqrt{3} + 3\sqrt{3}$
$= (4+3)\sqrt{3}$
$= \underline{\underline{7\sqrt{3}}}$

(5) $\sqrt{45} - \sqrt{125} = \sqrt{9 \cdot 5} - \sqrt{25 \cdot 5}$
$= 3\sqrt{5} - 5\sqrt{5}$
$= (3-5)\sqrt{5}$
$= \underline{\underline{-2\sqrt{5}}}$

(6) $(3+\sqrt{8})(4-\sqrt{50})$
$= (3+\sqrt{4 \cdot 2})(4-\sqrt{25 \cdot 2})$
$= (3+2\sqrt{2})(4-5\sqrt{2})$
$= (12-20) + (-15\sqrt{2} + 8\sqrt{2})$ ◀── $\sqrt{2}$ がつかない（消えちゃう）部分 $3 \cdot 4 + 2\sqrt{2} \cdot (-5\sqrt{2})$ と，$\sqrt{2}$ が残る部分 $3 \cdot (-5\sqrt{2}) + 2\sqrt{2} \cdot 4$ を分けて暗算します
$= \underline{\underline{-8-7\sqrt{2}}}$

❷ 分母の有理化 -----------------------------

　分母に $\sqrt{}$ があるとどのくらいの大きさの値なのかわかりにくいので，分母の有理化を行ないます。このとき，

　　　　　$\sqrt{}$ は2乗すれば消える！

という性質を利用します。

例3

　$\dfrac{1}{\sqrt{2}}$ をそのまま考えると，　$\dfrac{1}{1.414\cdots\cdots}$ というわかりにくい形ですが，

$$\frac{1}{\sqrt{2}} = \frac{1}{\sqrt{2}} \cdot \frac{\sqrt{2}}{\sqrt{2}} = \frac{\sqrt{2}}{2}$$

> $\dfrac{\sqrt{2}}{\sqrt{2}} = 1$ なので「1」をかけたことになります

とすれば，　$\dfrac{1.414\cdots\cdots}{2}$ ，つまり，「0.7ぐらい」とわかりやすい形になります。

例4

　$\dfrac{1}{\sqrt{5}+\sqrt{2}}$ の場合は，展開公式 $(a+b)(a-b)=a^2-b^2$ を利用して，

$$\frac{1}{\sqrt{5}+\sqrt{2}} = \frac{1}{\sqrt{5}+\sqrt{2}} \cdot \frac{\sqrt{5}-\sqrt{2}}{\sqrt{5}-\sqrt{2}}$$

$$= \frac{\sqrt{5}-\sqrt{2}}{(\sqrt{5})^2-(\sqrt{2})^2}$$

$$= \frac{\sqrt{5}-\sqrt{2}}{3}$$

と計算します。

┌─ 分母の有理化 ──────────────────────

❶ $\dfrac{1}{\sqrt{a}} = \dfrac{1}{\sqrt{a}} \cdot \dfrac{\sqrt{a}}{\sqrt{a}} = \dfrac{\sqrt{a}}{a}$

❷ $\dfrac{1}{\sqrt{a}+\sqrt{b}} = \dfrac{1}{\sqrt{a}+\sqrt{b}} \cdot \dfrac{\sqrt{a}-\sqrt{b}}{\sqrt{a}-\sqrt{b}} = \dfrac{\sqrt{a}-\sqrt{b}}{a-b}$

❸ $\dfrac{1}{\sqrt{a}-\sqrt{b}} = \dfrac{1}{\sqrt{a}-\sqrt{b}} \cdot \dfrac{\sqrt{a}+\sqrt{b}}{\sqrt{a}+\sqrt{b}} = \dfrac{\sqrt{a}+\sqrt{b}}{a-b}$

例題 ❷

次の分母を有理化せよ。

(1) $\dfrac{3}{\sqrt{5}}$　　(2) $\dfrac{1}{\sqrt{12}}$　　(3) $\dfrac{2}{\sqrt{3}-\sqrt{7}}$　　(4) $\dfrac{5-\sqrt{3}}{\sqrt{3}+2}$

解 説

(1) $\dfrac{3}{\sqrt{5}} = \dfrac{3}{\sqrt{5}} \cdot \dfrac{\sqrt{5}}{\sqrt{5}}$

$= \dfrac{3\sqrt{5}}{5}$

(2) $\dfrac{1}{\sqrt{12}} = \dfrac{1}{\sqrt{12}} \cdot \dfrac{\sqrt{12}}{\sqrt{12}} = \dfrac{\sqrt{12}}{12}$ とするのはウマくありません……

$\dfrac{1}{\sqrt{12}} = \dfrac{1}{\sqrt{4 \cdot 3}}$

$= \dfrac{1}{2\sqrt{3}}$　←　$\sqrt{\ }$ の中は，できるだけ小さくしておきましょう

$= \dfrac{1}{2\sqrt{3}} \cdot \dfrac{\sqrt{3}}{\sqrt{3}}$

$= \dfrac{\sqrt{3}}{6}$

(3) $\dfrac{2}{\sqrt{3}-\sqrt{7}} = \dfrac{2}{\sqrt{3}-\sqrt{7}} \cdot \dfrac{\sqrt{3}+\sqrt{7}}{\sqrt{3}+\sqrt{7}}$

$= \dfrac{2(\sqrt{3}+\sqrt{7})}{(\sqrt{3})^2-(\sqrt{7})^2}$

$= \dfrac{2(\sqrt{3}+\sqrt{7})}{-4}$

$= -\dfrac{\sqrt{3}+\sqrt{7}}{2}$

> 分母の $\sqrt{3}-\sqrt{7}$ は負なので，最初に「−」を出して，
> $$\dfrac{2}{\sqrt{3}-\sqrt{7}} = -\dfrac{2}{\sqrt{7}-\sqrt{3}}$$
> としてから分母の有理化を行なってもイイですね

(4) $\dfrac{5-\sqrt{3}}{\sqrt{3}+2} = \dfrac{5-\sqrt{3}}{2+\sqrt{3}} \cdot \dfrac{2-\sqrt{3}}{2-\sqrt{3}}$

$= \dfrac{(5-\sqrt{3})(2-\sqrt{3})}{2^2-(\sqrt{3})^2}$

$= (5-\sqrt{3})(2-\sqrt{3})$

$= (10+3)+(-5\sqrt{3}-2\sqrt{3})$

$= 13-7\sqrt{3}$

> 負の数 $\sqrt{3}-2$ をかけるよりも正の数 $2-\sqrt{3}$ をかけたほうが速い！

> 分母は 1 だから省略

3 二重根号

$\sqrt{3+2\sqrt{2}}$ のように $\sqrt{}$ の中に $\sqrt{}$ がある数(二重根号)は，簡単な形に変形できる場合があります(できない場合もあります)。

例5

$(1+\sqrt{2})^2$ を展開すると，

$$(1+\sqrt{2})^2 = 1^2 + 2\cdot 1 \cdot \sqrt{2} + (\sqrt{2})^2$$
$$= 3 + 2\sqrt{2}$$

> 公式：$(a+b)^2 = a^2 + 2ab + b^2$ を利用

なので，

$$\sqrt{3+2\sqrt{2}} = \sqrt{(1+\sqrt{2})^2} = 1+\sqrt{2}$$

と二重根号をはずせます。

上の例のように，二重根号をはずすコツは $\sqrt{}$ の中に $()^2$ を作ることです。そのために(少し天下り的ですが)，$\sqrt{A\pm 2\sqrt{B}}$ の中身 $A\pm 2\sqrt{B}$ が，

$$A\pm 2\sqrt{B} = \{(\sqrt{a})^2 + (\sqrt{b})^2\} \pm 2\sqrt{a}\sqrt{b} \quad (複号同順)$$
$$= (\sqrt{a} \pm \sqrt{b})^2$$

となっていればうれしいなと考えます。つまり，$\sqrt{A\pm 2\sqrt{B}}$ にたいして，

$$\begin{cases} A = (\sqrt{a})^2 + (\sqrt{b})^2 = a+b \\ B = ab \end{cases}$$

となる a，b を見つけることが目標です。

注意 複号同順とは，±の「上は上，下は下」を対応させるということです。
たとえば，$a \pm b \mp c$(複号同順)は，$a+b-c$ と $a-b+c$ の2つの式を表します。

例題 ❸

次の二重根号をはずして，簡単な形に直せ。

(1) $\sqrt{5+2\sqrt{6}}$ (2) $\sqrt{9-4\sqrt{5}}$

解説

> a，b の値は逆でも OK

(1) $5 = a+b$，$6 = ab$ となる a，b は，

$$a = 2, \quad b = 3$$

だから，

$$\sqrt{5+2\sqrt{6}} = \sqrt{(\sqrt{2}+\sqrt{3})^2}$$
$$= \underline{\underline{\sqrt{2}+\sqrt{3}}}$$

> $(\sqrt{2}+\sqrt{3})^2$
> $= (\sqrt{2})^2 + (\sqrt{3})^2 + 2\sqrt{2}\sqrt{3}$
> $= 5 + 2\sqrt{6}$
> となっていることを確認！

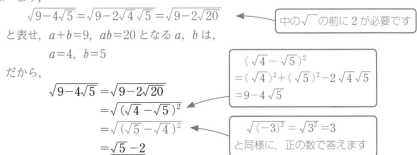

(2) まず，

$$\sqrt{9-4\sqrt{5}}=\sqrt{9-2\sqrt{4}\sqrt{5}}=\sqrt{9-2\sqrt{20}}$$

と表せ，$a+b=9$，$ab=20$ となる a，b は，

$$a=4,\ b=5$$

だから，

$$\sqrt{9-4\sqrt{5}}=\sqrt{9-2\sqrt{20}}$$
$$=\sqrt{(\sqrt{4}-\sqrt{5})^2}$$
$$=\sqrt{(\sqrt{5}-\sqrt{4})^2}$$
$$=\underline{\sqrt{5}-2}$$

中の $\sqrt{}$ の前に 2 が必要です

$(\sqrt{4}-\sqrt{5})^2$
$=(\sqrt{4})^2+(\sqrt{5})^2-2\sqrt{4}\sqrt{5}$
$=9-4\sqrt{5}$

$\sqrt{(-3)^2}=\sqrt{3^2}=3$
と同様に，正の数で答えます

Dan's Point

$\sqrt{}$ の定義を正しく理解したうえで，

❶ かけ算・割り算は，中身のかけ算・割り算

❷ 足し算・引き算は，文字式と同様

❸ 有理化と二重根号は，$\sqrt{}$ と 2 乗で相殺

類　題（基本・7分）

▶解答と解説は別冊p.2

次の式を簡単な形に直せ（分母は有理化せよ）。

(1) $\sqrt{12}\cdot\sqrt{6}$　　(2) $\dfrac{\sqrt{28}}{\sqrt{21}}$　　(3) $\dfrac{6}{\sqrt{3}}$　　(4) $\sqrt{x^2-6x+9}$　$(x<3)$

(5) $\sqrt{27}+\sqrt{12}$　　(6) $\sqrt{8}+\sqrt{32}-\dfrac{3}{\sqrt{2}}$　　(7) $(2\sqrt{3}-\sqrt{2})^2$

(8) $(\sqrt{11}-\sqrt{5})(\sqrt{11}+\sqrt{5})$　　(9) $(1+3\sqrt{5})(2-\sqrt{5})$

(10) $\dfrac{6}{3-\sqrt{7}}$　　(11) $\dfrac{1}{\sqrt{3}+6}$　　(12) $\dfrac{\sqrt{3}-\sqrt{2}}{\sqrt{3}+\sqrt{2}}-\dfrac{\sqrt{5}+\sqrt{3}}{\sqrt{5}-\sqrt{3}}$

(13) $\dfrac{1}{\sqrt{k}+\sqrt{k+1}}$　$(k\geqq1)$　　(14) $\dfrac{2}{1+\sqrt{2}+\sqrt{3}}$

(15) $\sqrt{11+2\sqrt{30}}$　　(16) $\sqrt{12-2\sqrt{35}}$　　(17) $\sqrt{8-\sqrt{48}}$

(18) $\sqrt{5+\sqrt{21}}$　　(19) $\sqrt{2-\sqrt{3}}$　　(20) $\sqrt{9-3\sqrt{5}}$

テーマ 3 展 開

❶ 展開の基本 ----------------------

1つひとつていねいに展開し，そのあと同類項をまとめるのが基本ですが，同類項になる部分ごとに展開する習慣をつけると，より計算が速くなりますよ！

例1

$(x-3)(x^2+2x-5)$ を展開したときの x の係数はいくつでしょうか？

こう聞かれて，

$$(x-3)(x^2+2x-5) = x^3+2x^2-5x-3x^2-6x+15$$
$$= x^3-x^2-11x+15$$

とすべて展開し，同類項をまとめて，「x の係数は -11」と答えるようでは遅いのです。そうではなく，

どこを展開すれば目標の項だけを出せるか

を考えるのです！ x の項が出てくるのは，

$$(x-3)(x^2+2x-5)$$

の部分だけだから，$(-5x)+(-6x)=-11x$，すなわち，「x の係数は -11」と答えられるようにしましょう。

例題 ❶

次の式を展開したときの [ ] 内の文字の係数を求めよ。

(1) $(3x+2)(4x^2-3x-1)$ $[x^2]$ (2) $(3x^3-5x^2+x)(1-x+2x^2)$ $[x^3]$

解 説

(1) $(3x+2)(4x^2-3x-1)$ を展開したときの x^2 の項は，

$$-9x^2+8x^2=-x^2$$

なので，x^2 の係数は $\underline{\underline{-1}}$ である。

(2) $(3x^3-5x^2+x)(1-x+2x^2)$ を展開したときの x^3 の項は，

$$3x^3+5x^3+2x^3=10x^3$$

なので，x^3 の係数は $\underline{\underline{10}}$ である。

次は，**例題❶** で練習したことを利用して式全体を展開してみましょう。

─ **例 題 ❷** ─────────────────

次の式を展開せよ。

(1)　$(x+2)(2x^2-3x+1)$　　　　(2)　$(2a+5b-1)(3a-2b-4)$

(3)　$(x-\alpha)(x-\beta)(x-\gamma)$

解 説

(1)　$(x+2)(2x^2-3x+1)$を展開すると，

$\qquad x^3$ の項は，$2x^3$

$\qquad x^2$ の項は，$-3x^2+4x^2=x^2$

$\qquad x$ の項は，$x-6x=-5x$

$\qquad$定数項は，2

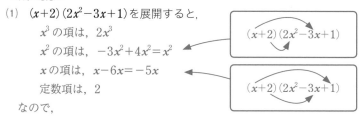

なので，

$$(x+2)(2x^2-3x+1)=\underline{2x^3+x^2-5x+2}$$

(2)　$(2a+5b-1)(3a-2b-4)$を展開すると，

$\qquad a^2$ の項は，$6a^2$

$\qquad b^2$ の項は，$-10b^2$

$\qquad ab$ の項は，$-4ab+15ab=11ab$

$\qquad a$ の項は，$-8a-3a=-11a$

$\qquad b$ の項は，$-20b+2b=-18b$

$\qquad$定数項は，4

なので，

$$(2a+5b-1)(3a-2b-4)=\underline{6a^2-10b^2+11ab-11a-18b+4}$$

(3)　$(x-\alpha)(x-\beta)(x-\gamma)$を展開すると，

$\qquad x^3$ の項は，x^3

$\qquad x^2$ の項は，$-\alpha x^2-\beta x^2-\gamma x^2$

$\qquad x$ の項は，$\alpha\beta x+\beta\gamma x+\gamma\alpha x$

$\qquad$定数項は，$-\alpha\beta\gamma$

なので，

$$(x-\alpha)(x-\beta)(x-\gamma)$$
$$=\underline{x^3-(\alpha+\beta+\gamma)x^2+(\alpha\beta+\beta\gamma+\gamma\alpha)x-\alpha\beta\gamma}$$

❷ 展開公式 --

次の公式はよく出てくる形の計算なので，使えるようにしておきましょう（一度は左辺を展開して，右辺になることを確認してください）。

┌─ 公　式 ────────────────────────────────
│
│ ❶　$(a+b)^2=a^2+2ab+b^2$, $\quad(a-b)^2=a^2-2ab+b^2$
│ ❷　$(a+b)(a-b)=a^2-b^2$
│ ❸　$(a+b+c)^2=a^2+b^2+c^2+2ab+2bc+2ca$
│ ❹　$(a+b)^3=a^3+3a^2b+3ab^2+b^3$, $\quad(a-b)^3=a^3-3a^2b+3ab^2-b^3$
│

第1章　数値計算・多項式

❶・❹の右側の式は，左側の式の b を $-b$ で置きかえたものなので，暗記しなくてもすぐに作れます。

なお，厳密には❹の公式は「数学 II」の内容ですが，本書でも扱うことにします。

─ 例題 ❸ ─────────────────────────

次の式を展開せよ。

(1)　$(3x-5y)^2$　　　　　　　　(2)　$(2a+7)(2a-7)$

(3)　$(a-2b+3)^2$　　　　　　　(4)　$(2x-3)^3$

(5)　$(x^2+3x+2)(x^2-3x+2)$　　(6)　$(a-b+c)^2+(a+b-c)^2$

解説

(1)　$(\quad)^2$ だから，公式❶を思い出して，
$$(3x-5y)^2=(3x)^2+2\cdot3x\cdot(-5y)+(-5y)^2$$
$$=\underline{9x^2-30xy+25y^2}$$

(2)　和と差の積だから，公式❷を思い出して，
$$(2a+7)(2a-7)=(2a)^2-7^2=\underline{4a^2-49}$$

(3)　$(3\text{項})^2$ だから，公式❸を思い出して，
$$(a-2b+3)^2=a^2+(-2b)^2+3^2+2\cdot a\cdot(-2b)+2\cdot(-2b)\cdot3+2\cdot3\cdot a$$
$$=\underline{a^2+4b^2+9-4ab-12b+6a}$$

(4)　$(\quad)^3$ だから，公式❹を思い出して，
$$(2x-3)^3=(2x)^3+3\cdot(2x)^2\cdot(-3)+3\cdot2x\cdot(-3)^2+(-3)^3$$
$$=\underline{8x^3-36x^2+54x-27}$$

テーマ3　展　開　　**23**

(5) 共通の部分をカタマリで見て，

$$(x^2+3x+2)(x^2-3x+2)$$
$$=\{(x^2+2)+3x\}\{(x^2+2)-3x\}$$
$$=(x^2+2)^2-9x^2$$
$$=(x^2)^2+2\cdot x^2\cdot2+2^2-9x^2$$
$$=\underline{x^4-5x^2+4}$$

和と差だから，公式❷

もちろん，**例題❷**のように計算しても OK！

(6) 共通の部分をカタマリで見て，

$$(a-b+c)^2+(a+b-c)^2$$
$$=\{a-(b-c)\}^2+\{a+(b-c)\}^2$$
$$=a^2-2a(b-c)+(b-c)^2+a^2+2a(b-c)+(b-c)^2$$
$$=2\{a^2+(b-c)^2\}$$
$$=2\{a^2+(b^2-2bc+c^2)\}$$
$$=\underline{2a^2+2b^2-4bc+2c^2}$$

公式❸でそれぞれ展開しても OK！

Dan's Point

❶ 展開してから同類項をまとめるのではなく，同類項になるところを展開する！

❷ よく出る形の公式は使えるように練習！

▶解答と解説は別冊p.6

─ 類　　題（ 基本 7分 ）─────

次の式を展開せよ。

(1) $(x+3)(x-7)$　　(2) $(x-2)(x^2-3x+1)$　　(3) $(2x-1)(4x^2+2x+1)$

(4) $(a+b+c)(a^2+b^2+c^2-ab-bc-ca)$　　(5) $(a+3)^2$

(6) $(3x-2y)^2$　　(7) $(x+2y)(x-2y)$　　(8) $(x+3y-2z)^2$

(9) $(2a+1)^3$　　(10) $(3a-2b)^3$　　(11) $(a+b)^3(a-b)^3$

(12) $(x-1)(x+1)(x^2+1)(x^4+1)$　　(13) $(x-1)(x-2)(x-3)(x-4)$

対 称 式

① 2文字の対称式

ここでは対称式の計算を練習します。聞きなれない言葉かもしれませんが，さまざまな場面で出てくる計算なので，しっかりマスターしてください。

まず，対称式とは，

式中の 2 文字を交換しても，式全体は変化しない式のこと

です。具体例をあげると，

x^2+y^2　　　　　　(x と y を交換すると y^2+x^2)

$a^3+b^3-2a^2b^2$　　(a と b を交換すると $b^3+a^3-2b^2a^2$)

などなど……

とくに基本的な対称式を(そのままですが)基本対称式と言います。

2 文字の対称式の場合は，

和 $x+y$ と積 xy

が基本対称式になります。

そして，

対称式は基本対称式を組合わせて表せる！

という事実が大切です。

例1

$(x+y)^2=x^2+2xy+y^2$ が成り立つので，両辺から $2xy$ を引いて，

$(x+y)^2-2xy=x^2+y^2$

すなわち，

$x^2+y^2=(x+y)^2-2xy$

> $(x+y)^2$ を展開したときに出てくるジャマな $2xy$ を引く！

と表せます。

同様に，$(x+y)^3=x^3+\underbrace{3x^2y+3xy^2}_{+3xy(x+y)}+y^3$ が成り立つので，

$x^3+y^3=(x+y)^3-3xy(x+y)$

とできます。

例題 ❶

$x+y=3$，$xy=5$ のとき，次の式の値を求めよ。

(1) x^2+y^2 (2) x^3+y^3 (3) $(x-y)^2$

解 説

(1) $x^2+y^2=(x+y)^2-2xy$ ← 前ページの **例1** を参照

$\qquad\quad =3^2-2\cdot5$

$\qquad\quad =\underline{\underline{-1}}$

(2) $x^3+y^3=(x+y)^3-3xy(x+y)$ ← 前ページの **例1** を参照

$\qquad\quad =3^3-3\cdot5\cdot3$

$\qquad\quad =3^2\cdot(3-5)$

$\qquad\quad =\underline{\underline{-18}}$

(3) $(x-y)^2=x^2-2xy+y^2$

$\qquad\quad =\underset{x^2+2xy+y^2}{(x+y)^2}-4xy$ ← $(x+y)^2=x^2+2xy+y^2$ から何を引けば $x^2-2xy+y^2$ になるか考えます

$\qquad\quad =3^2-4\cdot5$

$\qquad\quad =\underline{\underline{-11}}$

補足 (1)の結果 $x^2+y^2=-1$ に少し違和感を覚えませんか？

左辺は「2乗と2乗の和」で，右辺は「負の数」です。「数学 I・A」で扱う数は実数(数直線上に存在する数)なので，2乗すると必ず0以上になります。よって，(1)の結果は「x，y が実数ならば」ありえない結果なのです。

つまり，この **例題 ❶** の x，y は実数ではなく虚数(「数学 II」で学びます)ということになります。

しかし，対称式の計算において，その文字の値が実数であるか虚数であるかは関係なく，上記の解答のようにできるのです。

❷ 3文字の対称式 -

3文字の対称式では,

$$x+y+z, \quad xy+yz+zx, \quad xyz$$

の3つが基本対称式になります。また, 展開公式

$$(a+b+c)^2=a^2+b^2+c^2+2ab+2bc+2ca$$

を使うことが多いのです。さらに, **テーマ 3** の**類題**(4)で扱った式

$$(a+b+c)(a^2+b^2+c^2-ab-bc-ca)=a^3+b^3+c^3-3abc$$

も使えます(受験時にはこの式も覚えておいたほうがよいでしょう)。

┌─ **例 題 ❷** ─────────────────────────

　$a+b+c=3$, $ab+bc+ca=2$, $abc=1$ のとき, 次の式の値を求めよ。

　(1)　$a^2+b^2+c^2$　　(2)　$a^3+b^3+c^3$　　(3)　$a^4+b^4+c^4$

解 説

(1)　$(a+b+c)^2=a^2+b^2+c^2+2ab+2bc+2ca$ が成り立つから,

$$\underset{3}{\underline{(a+b+c)}}{}^2=a^2+b^2+c^2+2\underset{2}{(\underline{ab+bc+ca})}$$

$$\therefore \quad a^2+b^2+c^2=3^2-2\cdot 2=\underline{\underline{5}}$$

(2)　$(a+b+c)(a^2+b^2+c^2-ab-bc-ca)=a^3+b^3+c^3-3abc$

　　が成り立つから,

$$\underset{3}{\underline{(a+b+c)}}\{\underset{(1)から5}{\underline{a^2+b^2+c^2}}-\underset{2}{(\underline{ab+bc+ca})}\}=a^3+b^3+c^3-3\underset{1}{\underline{abc}}$$

$$\therefore \quad a^3+b^3+c^3=3\cdot(5-2)+3\cdot 1=\underline{\underline{12}}$$

(3)　(1)の結果 $a^2+b^2+c^2=5$ の両辺を2乗すると,

$$a^4+b^4+c^4+2a^2b^2+2b^2c^2+2c^2a^2=25$$

$$\therefore \quad a^4+b^4+c^4+2(a^2b^2+b^2c^2+c^2a^2)=25 \quad \cdots\cdots (*)$$

　　ということは, $a^2b^2+b^2c^2+c^2a^2$ の値を求めたいから……

　　また, $ab+bc+ca=2$ の両辺を2乗すると,

$$(ab)^2+(bc)^2+(ca)^2+2ab\cdot bc+2bc\cdot ca+2ca\cdot ab=4$$

$$a^2b^2+b^2c^2+c^2a^2+2\underset{1}{\underline{abc}}\underset{3}{(\underline{a+b+c})}=4$$

$$\therefore \quad a^2b^2+b^2c^2+c^2a^2=4-2\cdot 1\cdot 3=-2$$

　　よって, $(*)$ から,

$$a^4+b^4+c^4=25-2\cdot(-2)=\underline{\underline{29}}$$

Dan's Point

対称式は，基本対称式で表せ！

▶解答と解説は別冊p.8

─ 類　題（ 標準 A 2分， B 2分， C 4分， D 2分 ）─

A $x+y=2$，$xy=-1$ のとき，次の式の値を求めよ。

(1) x^2+y^2　　(2) x^3+y^3　　(3) $\dfrac{y}{x}+\dfrac{x}{y}$　　(4) x^4+y^4

B $x=\dfrac{\sqrt{3}+1}{\sqrt{3}-1}$，$y=\dfrac{\sqrt{3}-1}{\sqrt{3}+1}$ のとき，

$$x^2+y^2=\boxed{}\ ,\ x^3+y^3=\boxed{}$$

である。

（名城大）

C 正の実数 x が $x^2+\dfrac{1}{x^2}=5$ を満たすとき，$x+\dfrac{1}{x}=\sqrt{\boxed{}}$ ，

$x^3+\dfrac{1}{x^3}=\boxed{}\ \sqrt{\boxed{}}$ ，$x^5+\dfrac{1}{x^5}=\boxed{}\ \sqrt{\boxed{}}$ である。

（摂南大）

D a，b，c が $a+b+c=1$，$a^2+b^2+c^2=5$，$\dfrac{1}{a}+\dfrac{1}{b}+\dfrac{1}{c}=1$ を満たす

とき，$ab+bc+ca$，$a^3+b^3+c^3$ の値を求めよ。

（成蹊大）

5 因数分解 ❶

❶ 共通因数のくくり出し --------------------------------

因数分解は展開の逆計算です。つまり，展開すればもとの式に戻るように積の形を作ることです。

その因数分解のいちばんの基本は共通因数のくくり出しです。

例1

(1) $2x^2+6 = 2 \cdot x^2 + 2 \cdot 3$
$= 2(x^2+3)$

(2) $a^2 b - ab^2 = ab \cdot a - ab \cdot b$
$= ab(a-b)$

> 展開したらもとの式に戻るか？
> を必ず確認する習慣をつけましょう！

例2

上の **例1** のように単項式をくくり出すことはできても，多項式をくくり出すことは苦手な人が多いので注意してください。

たとえば，

$$a\,\boxed{(x+3)} + 2b\,\boxed{(x+3)} = (a+2b)\,\boxed{(x+3)}$$

共通のカタマリを見つけて……　　カタマリごとくくり出す！

のように，カタマリで見るのがポイントです。

> $A = x+3$ と置きかえることで，
> $$a(x+3) + 2b(x+3) = aA + 2bA$$
> $$= (a+2b)A$$
> $$= (a+2b)(x+3)$$
> とするのも最初は(中学生なら)イイのですが，このまま大学受験まで行なってしまってはダメです。計算量・スピードに耐えられません。

--- **例題 ❶** ---

次の式を因数分解せよ。

(1) $3x^2 y + 6y$ 　(2) $2a^2 b^3 c - 3abc^2$ 　(3) $a(b-c) + 2c - 2b$

解 説

(1) $3x^2 y + 6y = 3y \cdot x^2 + 3y \cdot 2$

$$=3y(x^2+2)$$

(2) $2a^2b^3c-3abc^2=abc\cdot2ab^2-abc\cdot3c$

$$=\underline{abc(2ab^2-3c)}$$

(3) $a(b-c)+2c-2b=a(b-c)-2(b-c)$

$$=\underline{\underline{(a-2)(b-c)}}$$

> 同じカタマリを作ることを意識して，−2 をくくり出します

② 2次式の因数分解 -

さまざまな問題を解くなかで，2次式を因数分解する場面が多くあります。しっかり練習しておきましょう！

よく使うのは，まず次の公式です。

┌── 公　　式 ─────────────────────────────

$$x^2+(a+b)x+ab=(x+a)(x+b)$$

もちろん，右辺を展開すれば左辺になりますね。

例3

(1) x^2+5x+6 を因数分解するときは，

和が 5，積が 6

となる 2 つの数を探します。つまり，

$a+b=5,\ ab=6$

となる a，b を見つけます。これは，

$(a,\ b)=(2,\ 3)$ ◀ $(a,\ b)=(3,\ 2)$でも OK

だから，

$x^2+5x+6=(x+2)(x+3)$ ◀ 右辺を展開して，左辺に戻ることを確認！

と表せます。

(2) x^2-6x+9 の場合

和が−6，積が 9

となる 2 つの数が−3 と−3 なので，

$x^2-6x+9=(x-3)(x-3)$

$$=(x-3)^2$$

◀ これは，公式 $a^2+2ab+b^2=(a+b)^2$ を利用したと考えることもできます

と表せます。

次は，いわゆる「たすきがけ」です。公式としてはいちおう，

┌─ 公　式 ─────────────────────────┐
$$ac x^2 + (ad + bc)\,x + bd = (ax + b)(cx + d)$$
└──────────────────────────────┘

ですが「この公式を覚えましょう」と言いたいわけではありません。

　結局のところ，因数分解は展開してもとに戻るというツジツマを合わせることが大切です。

例4

　$2x^2 + x - 6$ を因数分解したいときには，まず，展開すると $2x^2 + \cdots\cdots$ になるものを考えて，とりあえず，

$$(x + ●)(2x + ■)$$

と書いて，●と■をかけたものが 6 になるから，

$$(x\ \ 1)(2x\ \ 6),\ \ (x\ \ 2)(2x\ \ 3),\ \ (x\ \ 3)(2x\ \ 2),\ \ (x\ \ 6)(2x\ \ 1)$$

のどれかです（＋－はあと回し！）。

　これらを展開するときの x の項に注目すると，

$$\overset{6x}{(x\ \ 1)(2x\ \ 6)}_{2x},\ \ \overset{3x}{(x\ \ 2)(2x\ \ 3)}_{4x},\ \ \overset{2x}{(x\ \ 3)(2x\ \ 2)}_{6x},\ \ \overset{x}{(x\ \ 6)(2x\ \ 1)}_{12x}$$

なので，このなかで＋－をウマくつけて $+x$ になるものを選びます。すると，

$$-3x + 4x = +x$$

がちょうどどイイので，2 番目の $(x\ \ 2)(2x\ \ 3)$ に＋－をつけて，

$$2x^2 + x - 6 = (x + 2)(2x - 3)$$

とすることで，因数分解できました（もちろん，右辺を展開して左辺に戻ることを確認しましょう！）。

　一方，係数だけ取り出して右のように計算することを「たすきがけ」と言いますが，筆者はほとんど使いません。上述のように，展開してツジツマを合わせることを暗算しています。

┌──────────────────────┐
│ 1 ⤫ +2 ⟶ +4 │
│ 2   −3 ⟶ −3 │
├──────────────────────┤
│ 2   −6   +1 │
└──────────────────────┘

　そして，次の公式を使う形もよく出てきます。

┌─ 公　式 ─────────────────────────┐
$$a^2 - b^2 = (a + b)(a - b)$$
└──────────────────────────────┘

例5

(1) $x^2 - 9 = x^2 - 3^2$
   $= (x+3)(x-3)$ ← 「2乗引く2乗」は「和と差の積」

(2) $36x^2 - 25y^2 = (6x)^2 - (5y)^2$
   $= (6x+5y)(6x-5y)$

例題 ❷

次の式を因数分解せよ。

(1) $x^2 + x - 6$ (2) $x^2 - 14xy + 49y^2$ (3) $3x^2 + 2x - 5$

(4) $6x^2 - 5x - 6$ (5) $81x^2 - 25y^2$ (6) $(a+b)^2 - c^2$

解説

(1) 和が1，積が−6になる2つの数は3と−2だから，

$$x^2 + x - 6 = \underline{(x+3)(x-2)}$$

右辺を展開して左辺に戻るからOK！

(2) 和が−14，積が49になる2つの数は−7と−7だから，

$$x^2 - 14xy + 49y^2 = (x-7y)(x-7y)$$

←「x^2, xy, y^2」の式は
$(x \quad y)(x \quad y)$
の形に因数分解されます！

$$= \underline{(x-7y)^2}$$

右辺を展開して左辺に戻るからOK！

(3) $3x^2 + \cdots\cdots$ だから，とりあえず $(x \quad)(3x \quad)$ で，定数項が−5なので，

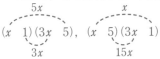

の2つが候補。そして，x の項が $+2x$ になるように $+-$ をつけて，

$$3x^2 + 2x - 5 = \underline{(x-1)(3x+5)}$$

右辺を展開して左辺に戻るからOK！

(4) $6x^2 - \cdots\cdots$ だから，$(x \quad)(6x \quad)$ と $(2x \quad)(3x \quad)$ の2つの可能性があって，定数項が−6なので，

$$(x \quad 6)(6x \quad 1), \quad (2x \quad 3)(3x \quad 2)$$

の2つが候補。そして，x の項が $-5x$ になるように $+-$ をつけて，

$$6x^2 - 5x - 6 = \underline{(2x-3)(3x+2)}$$

右辺を展開して左辺に戻るからOK！

補足　「定数項が -6 なので」の次にあげる候補として,

$$(x \quad 1)(6x \quad 6), \quad (x \quad 2)(6x \quad 3), \quad (2x \quad 6)(3x \quad 1)$$

などを考えた人もいるかもしれませんが,これらは不要です。

たとえば $(x \quad 1)(6x \quad 6)$ は,後ろの $(\quad)$ から 6 をくくり出して,

$$(x \quad 1)(6x \quad 6)=6(x \quad 1)(x \quad 1)$$

と表せてしまいます。これがもし正解なら,もとの $6x^2-5x-6$ から 6 をくくり出すことができるはずです。だから,あり得ません。

(5)　公式：$a^2-b^2=(a+b)(a-b)$ をイメージして,

$$81x^2-25y^2=(9x)^2-(5y)^2$$
$$=\underline{(9x+5y)(9x-5y)}$$

(6)　公式：$a^2-b^2=(a+b)(a-b)$ をイメージして,

$$(a+b)^2-c^2=\{(a+b)+c\}\{(a+b)-c\}$$
$$=\underline{(a+b+c)(a+b-c)}$$

Dan's Point

❶　**共通因数はくくり出す！**

❷　**展開して戻るように,ツジツマを合わせよ！**

類　題（**基本** 8分）

▶解答と解説は別冊 $p.11$

次の式を因数分解せよ。

(1)　$6x^2y-15xy^2$

(2)　$(a+2)x-3a-6$

(3)　$x^2-8x+12$

(4)　$a^2+8ab-33b^2$

(5)　$x^2+8xy+16y^2$

(6)　$3x^2-3x-36$

(7)　$3x^2+10x+3$

(8)　$6a^2-ab-12b^2$

(9)　$ax^2-(a^2-1)x-a$

(10)　$4x^2-144$

(11)　$9x^2-16y^2$

(12)　$(x+1)^2-(y-2)^2$

因数分解 ②

1 カタマリで見る ----------------------------

展開のときと同様に，因数分解においてもカタマリで見るという感覚が大切です。

例題 ❶

次の式を因数分解せよ。

(1) $x^4 - 13x^2 + 36$ (2) $(x^2 - 3x - 3)(x^2 - 3x + 1) - 5$

解説

(1) x^2 をカタマリと見れば，2 次式の因数分解だから，

$$x^4 - 13x^2 + 36 = (x^2)^2 - 13(x^2) + 36$$
$$= (x^2 - 4)(x^2 - 9)$$
$$= (x^2 - 2^2)(x^2 - 3^2)$$
$$= \underline{(x+2)(x-2)(x+3)(x-3)}$$

> 慣れないうちは $t = x^2$ とでもおいて，
> $$t^2 - 13t + 36$$
> $$= (t-4)(t-9)$$

(2) $x^2 - 3x$ をカタマリと見て，

$$(x^2 - 3x - 3)(x^2 - 3x + 1) - 5$$
$$= \{(x^2 - 3x) - 3\}\{(x^2 - 3x) + 1\} - 5$$
$$= (x^2 - 3x)^2 - 2(x^2 - 3x) - 8$$
$$= \{(x^2 - 3x) + 2\}\{(x^2 - 3x) - 4\}$$
$$= \underline{(x-1)(x-2)(x+1)(x-4)}$$

> $t = x^2 - 3x$ とおけば，
> $$(t-3)(t+1) - 5$$
> $$= (t^2 - 2t - 3) - 5$$
> $$= t^2 - 2t - 8$$

別解 $x^2 - 3x - 3$ をカタマリと見て，

$$(x^2 - 3x - 3)(x^2 - 3x + 1) - 5$$
$$= (x^2 - 3x - 3)\{(x^2 - 3x - 3) + 4\} - 5$$
$$= (x^2 - 3x - 3)^2 + 4(x^2 - 3x - 3) - 5$$
$$= \{(x^2 - 3x - 3) + 5\}\{(x^2 - 3x - 3) - 1\}$$
$$= (x^2 - 3x + 2)(x^2 - 3x - 4)$$
$$= \underline{(x-1)(x-2)(x+1)(x-4)}$$

> ここの展開がラクなので，筆者はこの方法をよく使います

次の **例題 ②** は，パッと見，**例題 ①** (1)と同様に見えますが……

― **例題 ②** ―――――――――――――――――――

x^4+2x^2+9 を因数分解せよ。

$t=x^2$ とおいても，

$$x^4+2x^2+9=t^2+2t+9$$

となり，和が 2，積が 9 となる 2 つの数は見当たらないので，因数分解できません。そこで……

解　説

$$
\begin{aligned}
x^4+2x^2+9 &= (x^4+6x^2+9)-4x^2 \\
&= (x^2+3)^2-(2x)^2 \\
&= \{(x^2+3)+2x\}\{(x^2+3)-2x\} \\
&= \underline{(x^2+2x+3)(x^2-2x+3)}
\end{aligned}
$$

> x^4 と 9 が「何の 2 乗」で出てくるかを考え，ツジツマを合わせて $(\ \ \ )^2-(\ \ \ )^2$ の形を作ります

② 最低次数の文字で整理

文字が多い式を因数分解したいときは，まず最低次数の文字で整理すると先が見えてくることがあります。

― **例題 ③** ―――――――――――――――――――

次の式を因数分解せよ。

(1)　$2a^2b+a^2-2b-1$

(2)　$xyz+xy+yz+zx+x+y+z+1$

(3)　$2x^2-3xy-2y^2+x+3y-1$

(4)　$(b+c)(c+a)(a+b)+abc$

解　説

(1)　$2a^2b+a^2-2b-1$ は a についての 2 次式，b についての 1 次式なので，b について整理して，

$$
\begin{aligned}
2a^2b+a^2-2b-1 &= b(2a^2-2)+a^2-1 \\
&= 2b(a^2-1)+(a^2-1) \\
&= (a^2-1)(2b+1) \\
&= \underline{(a-1)(a+1)(2b+1)}
\end{aligned}
$$

> b がついている部分と b がついていない部分に分けます

(2) とりあえず x について整理して……

$$xyz+xy+yz+zx+x+y+z+1$$
$$=x(yz+y+z+1)+(yz+y+z+1)$$
$$=(x+1)(yz+y+z+1)$$
$$=(x+1)\{y(z+1)+(z+1)\}$$
$$=\underline{(x+1)(y+1)(z+1)}$$

> できれば，$yz+y+z+1$ はすぐに
> $$(y+1)(z+1)$$
> であることに気づいてほしいのです

(3) まず，x について整理して……

$$2x^2-\underset{\underset{\text{x は2箇所にあることに注意！}}{\smile}}{3xy}-2y^2+\underset{}{x}+3y-1$$

$$=2x^2+(-3y+1)x-\underset{\underset{(y-1)(2y-1)}{\smile}}{(2y^2-3y+1)}$$

$$=\{x-(2y-1)\}\{2x+(y-1)\}$$

$$=\underline{(x-2y+1)(2x+y-1)}$$

> x についての2次式と見て，いわゆる「たすきがけ」です
>
> | 1 | $\times$ | $-(2y-1)$ | $\longrightarrow$ | $-4y+2$ |
> | 2 | | $+(y-1)$ | $\longrightarrow$ | $+y-1$ |
> | 2 | | $-(y-1)(2y-1)$ | | $-3y+1$ |

(4) a について整理することを目標として，

$$(b+c)\underset{\underset{\text{この部分だけ展開！}}{\smile}}{(c+a)(a+b)}+abc$$

$$=(b+c)\{a^2+(b+c)a+bc\}+abc$$

$$=(b+c)a^2+(b+c)^2a+bc(b+c)+\underset{}{abc}$$

（a は2箇所にあることに注意！）

$$=(b+c)a^2+\{(b+c)^2+bc\}a+bc(b+c)$$

$$=\{a+(b+c)\}\{(b+c)a+bc\}$$

$$=\underline{(a+b+c)(ab+bc+ca)}$$

> a についての2次式と見て，
>
> | 1 | $\times$ | $+(b+c)$ | $\longrightarrow$ | $+(b+c)^2$ |
> | $b+c$ | | $+bc$ | $\longrightarrow$ | $+bc$ |
> | $b+c$ | | $bc(b+c)$ | | $(b+c)^2+bc$ |

> a について整理することを目標としたので，1番左にある $(b+c)$ を展開するのはウマくありません。カタマリのままにしておきます！

❸ 3次式の因数分解 （厳密には「数学Ⅱ」の範囲です）

テーマ 4 で扱った，
$$a^3+b^3=(a+b)^3-3ab(a+b) \quad \cdots\cdots①$$

という対称式は，さらに $(a+b)$ をくくり出して，
$$a^3+b^3=(a+b)\{\underset{\underset{a^2+2ab+b^2}{\smile}}{(a+b)^2}-3ab\}$$

> ②を暗記するよりも，①から瞬時に作れるようにしておいたほうが，応用がききます

$$=(a+b)(a^2-ab+b^2) \quad \cdots\cdots②$$

とすることで，因数分解の公式と見ることもできます。

例題 ❹

x^3+8 を因数分解せよ。

解 説

$$x^3+8=x^3+2^3$$
$$=(x+2)^3-3 \cdot x \cdot 2(x+2)$$
$$=(x+2)\{(x+2)^2-6x\}$$
$$\underset{x^2+4x+4}{}$$
$$=\underline{(x+2)(x^2-2x+4)}$$

もちろん，前ページの②を公式と見て当てはめても OK！

Dan's Point

❶ カタマリで見る！

❷ 文字が多いときは，最低次数の文字で整理する！

類 題 (標準 10分)

▶解答と解説は別冊p.12

次の式を因数分解せよ。

(1) $(x^2-x+2)(x^2-x-8)-56$ （広島修道大）

(2) $(x-2)(x+3)(x+4)(x-6)+54x^2$ （防衛医科大）

(3) x^4-13x^2-48

(4) $4x^4+7x^2+16$ （秋田大）

(5) $6xy-8x-3y+4$ （星薬科大）

(6) $3x^2+8xy-3y^2-x+7y-2$ （金沢工業大）

(7) $6x^2+13xy+6y^2+5x+5y+1$ （石巻専修大）

(8) $(a+b+c)(ab+bc+ca)-abc$ （札幌学院大）

(9) $x^3(y-z)+y^3(z-x)+z^3(x-y)$ （福島大）

(10) $8a^3+125b^3$

(11) x^3-27

(12) $a^3+b^3+c^3-3abc$

第 **2** 章

2次関数

テーマ **7** ～ テーマ **9**

平方完成

❶ 簡単な平方完成 -

2次関数は，次の3つの形の式を使いこなすことが大切です。

❶ 　一般形：$y = ax^2 + bx + c$
❷ 　基本形：$y = a(x-p)^2 + q$
❸ 　分解形：$y = a(x-\alpha)(x-\beta)$

具体的に，それぞれの式をどう使うのかは次の テーマ 8 で扱うとして，ここでは❶ 一般形から❷ 基本形への式変形（これを平方完成と言います）の練習をします。

まずは，x^2 の係数が1の場合の簡単なもので練習してみましょう。

例1

$y = x^2 + 4x + 1$ を平方完成するときには，まず，

平方式に因数分解できる似ているもの

を探します。今回は，

$$x^2 + 4x + 4 = (x+2)^2$$

が似ていると考えます。つまり，異なるのは最後の定数項だけというものを探すのです。

> 並べてみると，
> $\quad x^2 + 4x + 1$
> $\quad x^2 + 4x + 4$
> ほらっ，似てるでしょ！

これを見つけたら，ツジツマを合わせて，

$$\begin{aligned} y &= x^2 + 4x + 1 \\ &= (x^2 + 4x + 4) - 3 \\ &= (x+2)^2 - 3 \end{aligned}$$

> 上の式と「＝」で結ぶために，つまり，定数項が1になるように−3をつけておきます

とすることで平方完成できます。

一般的に，

$$x^2 - 2px + p^2 = (x-p)^2$$

なので，x の係数に注目して，

$$y = x^2 - 2px + \cdots = (x-p)^2 + \cdots\cdots$$

$$\times \frac{1}{2}$$

> 定数項はとりあえず無視しておきます

と考えて「似ているもの」の見当をつけます。

例題 ❶

次の各式のツジツマが合うように，□ の数を定めよ。

(1) $x^2+2x+3=(x+1)^2+\boxed{}$

(2) $x^2-8x+1=(x-4)^2-\boxed{}$

(3) $x^2+5x-7=\left(x+\dfrac{5}{2}\right)^2-\boxed{}$

解説

(1) $(x+1)^2=x^2+2x+1$ なので，

$$x^2+2x+3=(x^2+2x+1)+2$$
$$=(x+1)^2+\boxed{2}$$

定数項が 3 になるように
ツジツマ合わせ！

(2) $(x-4)^2=x^2-8x+16$ なので，

$$x^2-8x+1=(x^2-8x+16)-15$$
$$=(x-4)^2-\boxed{15}$$

定数項が 1 になるように
ツジツマ合わせ！

(3) $\left(x+\dfrac{5}{2}\right)^2=x^2+5x+\dfrac{25}{4}$ なので，

$$x^2+5x-7=\left(x^2+5x+\dfrac{25}{4}\right)-\dfrac{53}{4}$$
$$=\left(x+\dfrac{5}{2}\right)^2-\boxed{\dfrac{53}{4}}$$

定数項が

$$-7=-\dfrac{28}{4}$$

になるようにツジツマ合わせ！

例題 ❷

次の各式の右辺を平方完成せよ。

(1) $y=x^2-4x+2$

(2) $y=x^2+12x-4$

解説

(1) x^2-4x から $(x-2)^2=x^2-4x+4$ と見当をつけて，

$$y=x^2-4x+2$$
$$=(x^2-4x+4)-2$$
$$=\underline{(x-2)^2-2}$$

定数項が 2 になるように
ツジツマ合わせ！

(2) x^2+12x から $(x+6)^2=x^2+12x+36$ と見当をつけて，

$$y=x^2+12x-4$$
$$=(x^2+12x+36)-40$$
$$=\underline{(x+6)^2-40}$$

定数項が 4 になるように
ツジツマ合わせ！

❷ やや難しい平方完成 -

x^2 の係数が 1 でない場合には，少しだけ難しくなります。

例2

$y=2x^2-4x+1$ を平方完成するときには，
まず x^2 の係数をくくり出した，

$$y=2(x^2-2x)+\cdots\cdots$$

という形をイメージします。

> このとき，定数項はあとで
> ツジツマを合わせるので，
> とりあえず無視！

そして，（　　）の中の x^2-2x を平方完成することを考えて，

$$y=2(x-1)^2$$

と書いてしまいます。

> この段階では，まだ正しく
> ありません

でも，これを展開しても，

$$y=2(x^2-2x+1)=2x^2-4x+2$$

となり，ツジツマが合わないので，

> ほんとうに全部展開する必
> 要はなく，実際には定数項
> だけがわかれば十分です

$$y=2x^2-4x+1$$
$$=(2x^2-4x+2)-1$$
$$=2(x-1)^2-1$$

とすることで平方完成できます。

例題 ❸

次の各式の右辺を平方完成せよ。

(1)　$y=3x^2+18x+31$　　(2)　$y=-x^2+4x-1$　　(3)　$y=2x^2-2x+3$

平方完成するさいに，

$$y=3x^2+18x+31$$
$$=3(x^2+6x)+31$$
$$=3\{(x+3)^2-3^2\}+31$$
$$=3(x+3)^2-27+31$$
$$=3(x+3)^2+4$$

> x^2 の係数で，x の項までをくくり出して……
> x の係数を半分にして，その2乗を引いて……
> （　　）の外の3を分配して……
> 最後の $-27+31$ をまとめる

とするのは，間違いではないのですが，細かい作業(上の各式の右側に書いて
あるような呪文?)を全部覚えようとするのは非効率的ですし，平方完成する
たびにこんなに行数をかけていたら遅すぎます。

解 説

(1) $y=3x^2+18x+31$

    $3x^2+18x=3(x^2+6x)$に注目して，とりあえず $=3(x+3)^2$ と書いてしまいます。

    そして，定数項のツジツマを合わせると……

    $=3(x+3)^2+4$ 展開すると…$+27$だから，$+31$にするためには$+4$が必要！

(2) $y=-x^2+4x-1$

    $-x^2+4x=-(x^2-4x)$に注目して，とりあえず $=-(x-2)^2$ と書いてしまいます。

    そして，定数項のツジツマを合わせると……

    $=-(x-2)^2+3$ 展開すると…-4だから，-1にするためには$+3$が必要！

(3) $y=2x^2-2x+3$

    $2x^2-2x=2(x^2-x)$に注目して，とりあえず $=2\left(x-\dfrac{1}{2}\right)^2$ と書いてしまいます。

    そして，定数項のツジツマを合わせると……

    $=2\left(x-\dfrac{1}{2}\right)^2+\dfrac{5}{2}$ 展開すると…$+\dfrac{1}{2}$だから，$+3$にするためには$+\dfrac{5}{2}$が必要！

Dan's Point

平方完成の作業（手順）を暗記するのではなく，目標の形は，

$$基本形：y=a(x-p)^2+q$$

であることを理解してツジツマを合わせるように計算する！

類　題 （基本 3分）

▶解答と解説は別冊p.15

    次の各式の右辺を平方完成せよ。

(1) $y=x^2-14x+20$

(2) $y=-3x^2+12x-7$

(3) $y=-\dfrac{1}{2}x^2-5x+3$

(4) $y=ax^2+6ax+b \quad (a\neq0)$ （日本大）

(5) $y=x^2-2(3a^2+5a)x+18a^4+30a^3+49a^2+16$ （センター試験）

(6) $y=2x^2+4ax+a-1$ （福岡大）

2次関数のグラフ

1 平方完成からのグラフ

　2次関数に限らず，関数はグラフとセットです！　グラフを描くことで，最大・最小や方程式・不等式を考えられるようになります。

　ここでは，2次関数のグラフ(放物線)を描く練習をしましょう。まずは，基本となる $y=ax^2$ のグラフの復習から。

例1

(1)　$y=x^2$ のとき，x と y の対応は次のとおり。

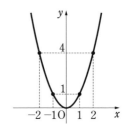

x	-3	-2	-1	0	1	2	3
y	9	4	1	0	1	4	9

　これらの点をプロットして，なめらかにつなぐと，右図のようになります。

　このとき，いちばん下にある点を頂点と言い，左右対称の中心となる対称軸を軸と言います。

　この例では，頂点は原点，軸は y 軸($x=0$)ですね。

(2)　$y=-\dfrac{1}{2}x^2$ のとき，x と y の対応は次のとおり。

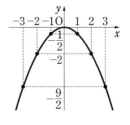

x	-3	-2	-1	0	1	2	3
y	$-\dfrac{9}{2}$	-2	$-\dfrac{1}{2}$	0	$-\dfrac{1}{2}$	-2	$-\dfrac{9}{2}$

　これらの点を，なめらかにつなぐと，右図のようになります。

　この例でも，頂点(いちばん上の点)は原点，軸は y 軸($x=0$)ですね。

┌─ $y=ax^2$ のグラフ ─────────

　2次関数 $y=ax^2$ のグラフは放物線で，頂点は原点，軸は y 軸。

❶　$a>0$ の場合は下に凸　　　❷　$a<0$ の場合は上に凸

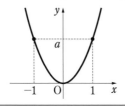 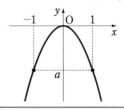

次に，$y=ax^2$ のグラフを平行移動することを考えます。

$y=ax^2$ のグラフ上の点 $(x,\ y)$ を，

x 軸方向に $+p$，y 軸方向に $+q$ 平行移動

<u>「右」ということ</u>　<u>「上」ということ</u>

した点を $(X,\ Y)$ とすると，

$$X=x+p,\quad Y=y+q$$

すなわち，

$$x=X-p,\quad y=Y-q$$

が成り立つから，$y=ax^2$ に代入すると，

$$Y-q=a(X-p)^2 \qquad \therefore\quad Y=a(X-p)^2+q \quad \cdots\cdots(*)$$

つまり，平行移動後の放物線上の任意の点 $(X,\ Y)$ が満たす関係式が $(*)$ ということなので，平行移動後の放物線の式は $y=a(x-p)^2+q$ であるということになります（以上の話は，厳密には「数学 II」の「軌跡」の内容なので，結果だけ覚えて読み飛ばしておいてもかまいません）。

この平行移動によって，頂点は $(p,\ q)$，軸は $x=p$ になります。

例2

$y=x^2-4x+7$ のグラフを描くときは，まず基本形：$y=a(x-p)^2+q$ に直し，

$$\begin{aligned}y&=x^2-4x+7\\&=(x-2)^2+3\end{aligned}$$

> この変形がスムーズにできない人は，もう一度 **テーマ 7** を復習！

とすると，このグラフは，

$y=x^2$ を x 軸方向に $+2$，y 軸方向に $+3$ 平行移動したもの

つまり，頂点 $(2,\ 3)$，下に凸の放物線とわかります。

これでグラフが描けるのですが，ここでグラフを描く順番に注意してください。ほとんどの人は，

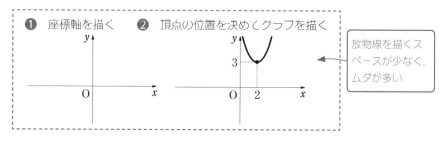

❶ 座標軸を描く　❷ 頂点の位置を決めくグラフを描く

> 放物線を描くスペースが少なく，ムダが多い

という順番で描くと思います。これを逆にしましょう！

❶ 下に凸とわかっているのだから，放物線を描いちゃう！

＊放物線は左右対称！

❷ 頂点の y 座標が正だから，x 軸を頂点よりも下に描く

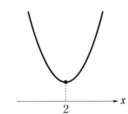

❸ 頂点の x 座標が正だから，y 軸を頂点よりも左に描く

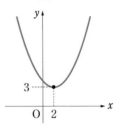

座標軸よりも放物線そのもののほうが大切なので，オススメです♪

例題 ❶

次の 2 次関数のグラフを描け。

(1) $y=2x^2+4x-1$ (2) $y=-\dfrac{1}{2}x^2+x+2$

解 説

(1) $y=2x^2+4x-1$

$\quad =2(x+1)^2-3$

$\quad =2\{x-(-1)\}^2+(-3)$

と表せるから，頂点 $(-1,\ -3)$，下に凸の放物線である。

　$x=0$ を代入すると $y=-1$ だから，原点の下を通るはず！

　よって，グラフは右図のとおり。

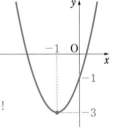

> この計算は，平方完成する前の一般形で行なうとラクです

(2) $y=-\dfrac{1}{2}x^2+x+2$

$\quad =-\dfrac{1}{2}(x-1)^2+\dfrac{5}{2}$

と表せるから，頂点 $\left(1,\ \dfrac{5}{2}\right)$，上に凸の放物線である。

　$x=0$ のとき $y=2$ だから，原点の上を通るはず！

　よって，グラフは右図のとおり。

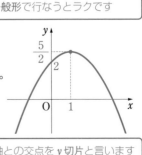

> y 軸との交点を y 切片と言います

② 因数分解からのグラフ

2次関数のグラフを描くときは因数分解することで,

　　　　分解形：$y = a(x-\alpha)(x-\beta)$

を作るのも有効です。

　この形のとき，$y=0$ とすると，

　　　$a(x-\alpha)(x-\beta)=0$　　∴　$x=\alpha,\ \beta$

と表せるので，x軸との交点のx座標がα，βであることがわかります。

例3

2次関数 $y=-2(x-1)(x-5)$ のグラフは，次の順番で描きます。

❶ 上に凸だか
らこんな感じ

❷ x軸との交点は，
　　$x=1$ と $x=5$

❸ 軸は1と5の中央だから，

$$\frac{1+5}{2}=3$$

$x=3$ のとき,
$y=-2(3-1)(3-5)$
　$=-2\cdot2\cdot(-2)$
　$=8$

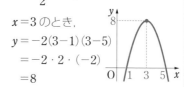

　2次関数の式が一般形：$y=ax^2+bx+c$ で与えられたとき，平方完成するべきか因数分解するべきかどうかの判断は，どっちが計算しやすいかによるので，暗算力に頼ることになります(最初のうちは両方やってみましょう！)。

── 例 題 ❷ ──

　次の2次関数のグラフを描け。

(1)　$y=-x^2-2x+3$　　　(2)　$y-3x^2+9x$

解説

(1)　$y=-x^2-2x+3=-(x+3)(x-1)$

　　x軸との交点は $x=-3,\ 1$

　　軸は $x=\dfrac{(-3)+1}{2}=-1$

　　$x=-1$ のとき,

　　　$y=-(-1)^2-2\cdot(-1)+3=4$

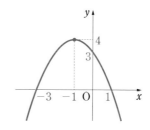

(2) $y=3x^2+9x$

$\quad=3x(x+3)$

x 軸との交点は $x=-3,\ 0$

軸は $x=\dfrac{(-3)+0}{2}=-\dfrac{3}{2}$

$x=-\dfrac{3}{2}$ のとき,

$\qquad y=3\cdot\left(-\dfrac{3}{2}\right)\left(-\dfrac{3}{2}+3\right)=-\dfrac{27}{4}$

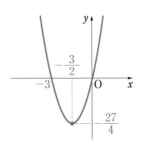

Dan's Point

　2次関数のグラフを描くときは,

　　基本形：$y=a(x-p)^2+q$

　　　あるいは

　　分解形：$y=a(x-\alpha)(x-\beta)$

に直す。

　そして，座標軸を描いてから放物線を描くのではなく，放物線を描いてから座標軸を描く！

▶解答と解説は別冊 $p.17$

─ 類　　題（ 基本 7分 ）───────────

　次の2次関数のグラフを描け（頂点と y 切片がわかるように描け）。

(1) $y=2x^2+1$　　　　(2) $y=-x^2+6x-9$

(3) $y=\dfrac{1}{2}x^2+3x+\dfrac{13}{2}$　　　(4) $y=2x^2-8x+6$

(5) $y=-3x^2+3x+2$　　　(6) $y=-\dfrac{1}{3}x^2+x$

テーマ 9 2次関数の最大・最小

❶ 関数の定義と記号

本書でもいままで何気なく使ってきた言葉ですが，「関数」の定義は理解していますか？

変数 x の値を 1 つ決めると変数 y の値が 1 つ定まるとき，

y は x の関数である

と言います。

例1

(1) $y=x^3$ は，たとえば $x=2$ のとき $y=2^3=8$ というように，x の値を 1 つ決めると y の値も 1 つ定まるので「y（$=x^3$）は x の関数である」と言えます。

(2) x 匹のネコが 1 日で食べるエサの総量を y グラムとするとき，ネコは 1 匹ごとに個体差があって，食べるエサの量もそれぞれです。したがって，x を 1 つ決めても y の値は定まらないので「y は x の関数である」とは言えません。

そして，「x の関数を x の数式で表したもの」を $f(x)$ などと書きます。
この記号の便利なところはおもに次の 2 点です。

❶ たとえば，$y=x^2$，$y=3x+1$ のように複数の関数の式が与えられたときに，それぞれに名前をつけておく意味で，

$f(x)=x^2,\ g(x)=3x+1$

として区別しておけます。

❷ たとえば，$y=f(x)=x^2$ において「$x=3$ のとき $y=3^2=9$」という文章と同じ意味を，

$f(3)=3^2=9$

だけで表せます。

例2

(1) $f(x)=-x^3+2x$ のとき，

$f(1)=-1^3+2\cdot1=1,\ f(3)=-3^3+2\cdot3=-21$

(2) $g(x)=x^2-4x$ のとき，

$g(a)=a^2-4a,\ g(a+1)=(a+1)^2-4(a+1)=a^2-2a-3$

❷ 2次関数の最大・最小 -

関数の最大値・最小値は，グラフを見て考えるのが基本です。

とくに，2次関数の場合は，

❶ 頂点が定義域(xの範囲)に入っていること ◀

❷ グラフが左右対称であること

の2点に注目します。

> 定義域の中だけが「見えている」世界です。
> 定義域の外は見えません

例3

関数$f(x) = x^2 - 2$ $(-1 \leqq x \leqq 2)$にたいして，安易に端だけ調べて，

$$f(-1) = (-1)^2 - 2 = -1, \ f(2) = 2^2 - 2 = 2$$

だから「最大値：2，最小値：-1」などとしてはダメですよ！ 必ずグラフを見て考える習慣をつけてください。

ただし，グラフを正確にキチンと描く必要はありません。

知りたいことが最大・最小の場合は，右図ぐらいで十分です。つまり，

- 下に凸
- グラフがx軸と交わっているかどうかは気にしない
- 軸が$x=0$だから定義域に入っている
- 放物線は左右対称だから，左端と同じ高さの点は$x=1$のとき

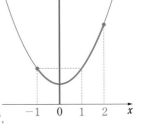

ぐらいのポイントをおさえていれば十分です。これで，

最大値：$f(2) = 2^2 - 2 = 2$ ◀

最小値：$f(0) = 0^2 - 2 = -2$

であることがわかります。

> 最大値とは，いちばん上にある点のyの値
> 最小値とは，いちばん下にある点のyの値

「2次関数の最大・最小」に限らず，その問題において必要な図・グラフを考えて描くことが大切です♪

例　題

次の関数の最大値と最小値を求めよ。

(1) $f(x) = x^2 - 2x - 2$ $(-3 \leqq x \leqq 2)$

(2) $g(x) = -x^2 - 4x - 7$ $(1 \leqq x \leqq 3)$

解 説

(1) $f(x) = x^2 - 2x - 2$
$\qquad = (x-1)^2 - 3$

と表せるので，$y=f(x)$ $(-3 \leqq x \leqq 2)$ のグラフは右
図の太線部分。よって，

最大値：$f(-3) = (-3)^2 - 2 \cdot (-3) - 2$
$\qquad\qquad = \underline{\underline{13}}$

最小値：$f(1) = \underline{\underline{-3}}$ ◀── 頂点の y 座標は，平方完成した時点でわかっています

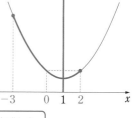

(2) $g(x) = -x^2 - 4x - 7$
$\qquad = -(x+2)^2 - 3$

と表せるので，$y=g(x)$ $(1 \leqq x \leqq 3)$ のグラフは右
図の太線部分。よって，

最大値：$g(1) = -1^2 - 4 \cdot 1 - 7$
$\qquad\qquad = \underline{\underline{-12}}$

最小値：$g(3) = -3^2 - 4 \cdot 3 - 7$
$\qquad\qquad = \underline{\underline{-28}}$

-2，1，3 の間隔は正確ではないけど，この問題はこれで OK

Dan's Point

関数の最大・最小はグラフを見て考える！
とくに，2 次関数は以下に注目！

❶ 軸と定義域の位置関係

❷ 放物線は左右対称

類 題（標準 Ａ 5 分，Ｂ 10 分）

▶解答と解説は別冊*p.19*

Ａ 次の関数の最大値と最小値を求めよ。

(1) $f(x) = 2x^2 - 4x + 3$ $(0 \leqq x \leqq 3)$

(2) $g(x) = -x^2 + 4x - 2$ $(-2 \leqq x \leqq 4)$

(3) $a < 2$ のときの，$h(x) = x^2 - 6x + 2$ $(a \leqq x \leqq a+1)$

Ｂ 2 次関数 $f(x) = -2x^2 + 4kx - k^2 - 2k + 2$ にたいし，範囲 $0 \leqq x \leqq 3$ における $f(x)$ の最大値を $M(k)$ とするとき，$M(k)$ を k の式で表せ。

(岡山理科大)

第 **3** 章

方程式・不等式

テーマ **10** ～ テーマ **14**

1 方程式・不等式を解くということ ------------------

方程式・不等式を解くというのは,

　　　与えられた方程式・不等式を満たす x を過不足なく求めること

です。そして, この「満たす x」のこと(代入して成り立つ x のこと)を解と言います。さて, 次の 例1 はどうでしょうか?

例1

方程式 $2x-1=0$ の両辺に x をかけて,

$$x(2x-1)=0$$
$$\therefore \quad x=0 \quad または \quad x=\frac{1}{2}$$

> 2次方程式の解法は次の **テーマ 11** で解説します

$x=\dfrac{1}{2}$ をもとの方程式の左辺に代入すると,

$$2x-1=2\cdot\frac{1}{2}-1=0$$

となり, たしかに「解」です。しかし, $x=0$ を代入すると,

$$2x-1=2\cdot 0-1=-1 \neq 0$$

なので「解」ではありません。

　つまり, 上の解答の $x=0$ は誤りでした。なぜ, こんなことが起こってしまったのでしょうか?

　上述したとおり, 方程式・不等式を解くというのは「満たす x」を求めることなので, 計算して出てきた x をもとの式に代入して成り立つかどうか確かめればイイのですが, いちいちそんなことをしていたらメンドウです。

　そこで, 本書では同値変形という考え方をオススメします。

　論理的に「A が成り立つとき, 必ず B も成り立つ」ということを,

　　　$A \implies B$

と書きます。その逆「$A \impliedby B$」も成り立つとき, まとめて,

　　　$A \iff B$

と書き,「A と B は同値である」とか「A と B は必要十分である」と言います。つまり,「進めるし, 戻れる」ということを表しています。

そして，この記号 $\Longleftrightarrow$（これを同値記号と言います）で結べるように数式や文章を変形することが同値変形です。

　前ページの 例1 において，最終結果から戻ろうとすると，

$$x=0 \quad または \quad x=\frac{1}{2}$$

$$\Longrightarrow \quad x=0 \quad または \quad 2x-1=0$$

$$\Longrightarrow \quad x(2x-1)=0$$

と，ここまでは正しく戻れますが，

$$x(2x-1)=0 \quad \Longrightarrow \quad 2x-1=0$$

は正しくありません。なぜなら，両辺を x で割っていますが，「割る」という操作は「0 ではできない」ので，この $\Longrightarrow$ は不成立です。

　0で割った数が存在する，つまり，たとえば，$\dfrac{1}{0}$ が a という値をとると仮定するとき，$\dfrac{1}{0}=a$ の両辺に 0 をかけて $\underbrace{1}=0$ となり，矛盾します。だから，0
　　　　　　　　　　　分母の 0 を約分しました
で割った数は存在しません。

　前ページに書いた，「x の値を代入して確認」というのは「戻れるかどうかの確認」なので，最後に確認しなくても，最初から 1 行ずつ「戻れる」変形であればイイのです。だから「方程式・不等式を解く」とは，

　　　　　与式から同値変形して「満たす x」を求めること

と考えることもできます。

　例1 を同値変形で正しく解くと，

$$2x-1=0 \quad \Longleftrightarrow \quad 2x=1 \quad \Longleftrightarrow \quad x=\frac{1}{2}$$

となり，$x=\dfrac{1}{2}$ だけが解であることがわかります。

「同値記号は論理の記号なので，計算で使うのはおおげさだ」と言う人もいますし，筆者はその気持ちも理解できますが，この先のさまざまな場面で「戻れるか？」が大切になります。しかし，そのときになって初めて「戻れるかどうかの確認」をしようと思っても，その習慣がついていなければ難しいのです。ですから，本書ではあえて「おおげさな」書き方をすることによって深い理解につなげてほしいと考えます。

② 1次方程式・不等式の解法 --------------------------

1次方程式を解くときに使う同値変形は,

   ❶ 両辺に同じ数を足す   ❷ 両辺に同じ数(0以外)をかける

の2つです。

例2

方程式 $3x+2=x-5$ を解きます。

両辺に (-2) を足して,

$$3x+2+(-2)=x-5+(-2)$$
$$\therefore \quad 3x=x-7$$

> 結果的に,左辺の $+2$ を右辺に動かすと符号が変わるように見えます。これを**移項**と言いますが,あくまでも両辺に同じ操作をした結果です

さらに,両辺に $(-x)$ を足して,

$$3x+(-x)=x-7+(-x) \quad \therefore \quad 2x=-7$$

そして,両辺に $\dfrac{1}{2}$ をかけることで,

> 「2で割る」と同じことです

$$2x \cdot \frac{1}{2}=-7 \cdot \frac{1}{2} \quad \therefore \quad x=-\frac{7}{2}$$

以上のことを,同値記号を使って書けば,

$$3x+2=x-5 \quad \Longleftrightarrow \quad 3x+(-x)=-5+(-2)$$
$$\Longleftrightarrow \quad 2x=-7$$
$$\Longleftrightarrow \quad x=-\frac{7}{2}$$

> このくらいの方程式は暗算で解けるようになるのが目標です

  1次不等式を解くときも,基本的には1次方程式と同じように同値変形するのですが,**両辺に負の数をかけると,不等号が逆向きになる**という点だけは注意が必要です。

  たとえば,$3<5$ の両辺に (-2) をかけると,-6 と -10 なので,

$$3<5 \quad \Longleftrightarrow \quad -6>-10$$

となります。

例　題

次の方程式・不等式を解け。

(1) $7-2x=4x+1$ (2) $\dfrac{x}{4}=\dfrac{x-1}{3}+1$

(3) $3x-1 \geqq 5x-11$ (4) $\dfrac{-x+2}{3}<\dfrac{3x-1}{6}$

解 説

(1) $7-2x=4x+1 \iff 6=6x$

$\iff 1=x$

$\therefore \underline{\underline{x=1}}$

「必ず x を左辺に集める」としている
人が多いのですが、それよりも、
  x の係数が正になるように集める
ほうが、リスクが少ないです

(2) $\dfrac{x}{4}=\dfrac{x-1}{3}+1 \iff 3x=4(x-1)+12$

$\iff 3x=4x-4+12$

$\iff -8=x$

$\therefore \underline{\underline{x=-8}}$

分母の3と4を消すために
  3と4の最小公倍数12
を両辺にかけました

(3) $3x-1 \geqq 5x-11 \iff 10 \geqq 2x$

$\iff 5 \geqq x$

$\therefore \underline{\underline{x \leqq 5}}$

不等式の場合の最終結果は、
❶ x を左側に書く
❷ つねに右側が大きくなるように書く
の2つの流儀があって、これは好きなほうで
イイんです。
筆者は数直線のイメージと合わせておきたい
ので、❷で書くほうが多いのです

(4) $\dfrac{-x+2}{3}<\dfrac{3x-1}{6}$

$\iff 2(-x+2)<3x-1$

$\iff -2x+4<3x-1$

$\iff 5<5x$

$\iff 1<x$

$\therefore \underline{\underline{1<x}}$

第 3 章 方程式・不等式

Dan's Point

方程式・不等式を解くときは、同値変形（進めるし、戻れる）を意
識して、「満たす x」を過不足なく求める。

▶解答と解説は別冊 $p.21$

類 題（ 基本 6分 ）

次の方程式・不等式を解け。ただし、a は定数とする。

(1) $2(x-2)=5x+2$

(2) $\dfrac{3}{2}x+\dfrac{1}{4}=2x+1$

(3) $3x+1>4x+3$

(4) $2(x+1)<6x-4$

(5) $7x+3 \geqq 9x+a$

(6) $ax+6 \leqq 2x+3a$

2次方程式

① 2乗をはずす ･････････････････････････

2次方程式も（1次方程式ほどラクではないけれど）機械的に解けるので，スムーズにできるように練習しましょう。

例1

方程式 $x^2=3$ は「x を2乗したものが3に等しい」という意味なので，この方程式を「満たす x」は「2乗すると3になる数」です。よって，

$$x=\pm\sqrt{3}$$

と解けます（ **テーマ 2** を思い出して！）。

例題 ❶

次の方程式を解け。

(1) $x^2=4$ (2) $x^2-7=0$ (3) $(x-1)^2=2$

解説

(1) 「x を2乗したものが4に等しい」から，

$$x^2=4 \iff x=\pm2$$

$$\therefore \underline{\underline{x=\pm2}}$$

(2) $x^2-7=0 \iff x^2=7$

$$\iff x=\pm\sqrt{7}$$

$$\therefore \underline{\underline{x=\pm\sqrt{7}}}$$

> 自分が「解ける形」に持ち込むことが大切です。この場合は，
> $$x^2=(定数)$$
> が「解ける形」です

(3) $(x-1)^2=2$ の左辺を展開して $x^2-2x+1=2$ とするのはウマくありません。

$$(x-1)^2=2 \iff x-1=\pm\sqrt{2}$$

$$\iff x=1\pm\sqrt{2}$$

$$\therefore \underline{\underline{x=1\pm\sqrt{2}}}$$

> $x-1$ をカタマリで見て，2乗をはずします

例題 ❶ (3)のように，$(\quad)^2=(定数)$ という形に持ち込めれば解けるということがわかりましたね。では，その形に持ち込むにはどうすればイイのかというと，**第②章**で使った平方完成を利用します。

例2

方程式 $x^2-4x+1=0$ の左辺を平方完成すると，

$$(x-2)^2=\cdots\cdots$$
$$\longrightarrow x^2-4x+4$$

だから，ツジツマを合わせるために，もとの式の両辺に 3 を足すことで，

$$x^2-4x+1=0 \quad\Longleftrightarrow\quad (x-2)^2=3$$

と変形できます。したがって，

$$x-2=\pm\sqrt{3} \qquad \therefore\ \ x=2\pm\sqrt{3}$$

と解くことができます。

例題 ❷

次の方程式を，平方完成して解け。

(1) $x^2-6x+2=0$

(2) $x^2+2x-7=0$

解 説

(1) $x^2-6x+2=0 \quad\Longleftrightarrow\quad (x-3)^2=7$

$\qquad\qquad\qquad\quad\Longleftrightarrow\quad x-3=\pm\sqrt{7}$

$\qquad\qquad\qquad\quad\Longleftrightarrow\quad x=3\pm\sqrt{7}$

$\quad\therefore\ \ \underline{x=3\pm\sqrt{7}}$

(2) $x^2+2x-7=0 \quad\Longleftrightarrow\quad (x+1)^2=8$

$\qquad\qquad\qquad\quad\Longleftrightarrow\quad x+1=\pm2\sqrt{2}$

$\qquad\qquad\qquad\quad\Longleftrightarrow\quad x=-1\pm2\sqrt{2}$

$\quad\therefore\ \ \underline{x=-1\pm2\sqrt{2}}$

❷ 因数分解の利用 ------------------------------

一般的に，

$$AB=0 \iff A=0 \quad \text{または} \quad B=0$$

が成り立つので，2次方程式の左辺が因数分解できれば解くことができます。

例 題 ❸

次の方程式を，因数分解して解け。

(1) $x^2-3x+2=0$ (2) $2x^2-5x-3=0$ (3) $x^2-9=0$

解 説

(1) $x^2-3x+2=0 \iff (x-1)(x-2)=0$

$\qquad\qquad\qquad\quad \iff x-1=0 \quad \text{または} \quad x-2=0$

$\qquad\qquad\qquad\quad \iff x=1 \quad \text{または} \quad x=2$

$\qquad\qquad \therefore \underline{x=1 \quad \text{または} \quad x=2}$

(2) $2x^2-5x-3=0 \iff (2x+1)(x-3)=0$

$\qquad\qquad\qquad\quad \iff 2x+1=0 \quad \text{または} \quad x-3=0$

$\qquad\qquad\qquad\quad \iff x=-\dfrac{1}{2} \quad \text{または} \quad x=3$

$\qquad\qquad \therefore \underline{\underline{x=-\dfrac{1}{2} \quad \text{または} \quad x=3}}$

(3) $x^2-9=0 \iff (x+3)(x-3)=0$ ◀─── 例 題 ❶ の方法でも解けますね

$\qquad\qquad\quad \iff x+3=0 \quad \text{または} \quad x-3=0$

$\qquad\qquad\quad \iff x=-3 \quad \text{または} \quad x=3$

$\qquad \therefore \underline{x=-3 \quad \text{または} \quad x=3}$

---

❸ 解の公式の利用 ------------------------------

以上の方法で解けないときの最終手段が解の公式です。

解の公式 ❶

2次方程式 $ax^2+bx+c=0$ $(a, b, c：実数, a \neq 0)$ の解は，

$$x=\frac{-b\pm\sqrt{b^2-4ac}}{2a}$$

証明 （この公式は暗記優先なので，難しければ読み飛ばしておいても OK）

2次方程式 $ax^2+bx+c=0$ $(a \neq 0)$の両辺を a で割って，

$$x^2+\frac{b}{a}x+\frac{c}{a}=0$$

これを平方完成すれば，

$$\left(x+\frac{b}{2a}\right)^2=\frac{b^2}{4a^2}-\frac{c}{a}$$

$$=\frac{b^2-4ac}{4a^2}$$

2乗をはずして，

$$x+\frac{b}{2a}=\pm\frac{\sqrt{b^2-4ac}}{2a} \qquad \therefore \quad x=\frac{-b\pm\sqrt{b^2-4ac}}{2a}$$

（証明終）

例3

方程式 $2x^2-2x-1=0$ を解くときは，

$$\underset{x^2\text{の係数}}{a=2,} \quad \underset{x\text{の係数}}{b=-2,} \quad \underset{\text{定数項}}{c=-1}$$

を解の公式❶に代入して，

$$x=\frac{-(-2)\pm\sqrt{(-2)^2-4\cdot2\cdot(-1)}}{2\cdot2}$$

$$=\frac{2\pm2\sqrt{3}}{4}$$

$$=\frac{1\pm\sqrt{3}}{2}$$

と表せます。

このように，x の係数が偶数のときに使える，次の公式も覚えておくと便利です。

解の公式❷

2次方程式 $ax^2+2b'x+c=0$ $(a, b', c：実数, a \neq 0)$の解は，

$$x=\frac{-b'\pm\sqrt{b'^2-ac}}{a}$$

この式は，解の公式❶の b に $2b'$ を代入して整理すると得られるので，各自で確認してみてください。

例3′

方程式 $2x^2-2x-1=0$ を解くときは,

$$a=2, \underset{2b'=-2}{\underline{b'=-1}}, \ c=-1$$

を解の公式❷に代入して,

$$x=\frac{-(-1)\pm\sqrt{(-1)^2-2\cdot(-1)}}{2}=\frac{1\pm\sqrt{3}}{2}$$

と表せます。

例 題 ❹

次の方程式を解の公式を利用して解け。

(1) $3x^2+5x+1=0$ (2) $5x^2-4x-2=0$

解 説

(1) 解の公式❶に $a=3,\ b=5,\ c=1$ を代入して,

$$x=\frac{-5\pm\sqrt{5^2-4\cdot3\cdot1}}{2\cdot3}=\frac{-5\pm\sqrt{13}}{6}$$

(2) 解の公式❷に $a=5,\ b'=-2,\ c=-2$ を代入して,

$$x=\frac{-(-2)\pm\sqrt{(-2)^2-5\cdot(-2)}}{5}=\frac{2\pm\sqrt{14}}{5}$$

Dan's Point

2次方程式は,

❶ 2乗をはずす ❷ 因数分解の利用 ❸ 解の公式の利用

を臨機応変に使い分けて, 速く・正確に解けるように練習しましょう!

▶解答と解説は別冊 $p.23$

類 題 （ 基本 5分 ）

次の方程式を解け。ただし, a は 0 でない定数とする。

(1) $x^2-25=0$ (2) $3x^2-6x=0$

(3) $x^2+6x+1=0$ (4) $6x^2+5x-6=0$

(5) $2x^2+7x-1=0$ (6) $7x^2+6x-3=0$

(7) $x^2+8x+16=0$ (8) $4x^2-12x+9=0$

(9) $ax^2+(1-a^2)x-a=0$ (10) $x^2-2ax-1=0$

2次方程式の判別式

判別式とは

2次方程式 $ax^2+bx+c=0$ の解の公式

$$x=\frac{-b\pm\sqrt{b^2-4ac}}{2a}$$

の $\sqrt{}$ の中身 b^2-4ac のことを判別式と言います。

何を「判別」しているのかというと,

その2次方程式がどのような解をもつのか

を,実際に解くことなく判別することができるのです。

例1 2次方程式 $3x^2-5x+1=0$ の判別式を計算すると,

（判別式）$=(-5)^2-4\cdot3\cdot1=13$

です。ということは,実際の解 x は,

$$x=\frac{-b\pm\sqrt{13}}{2a}\qquad\left(\text{つまり, }\frac{-b+\sqrt{13}}{2a}\text{ と }\frac{-b-\sqrt{13}}{2a}\right)$$

という形の2個になります。

例2 2次方程式 $x^2+10x+25=0$ の判別式を計算すると,

（判別式）$=10^2-4\cdot1\cdot25=0$

です。ということは,実際の解 x は,

$$x=\frac{-b\pm\sqrt{0}}{2a}=\frac{-b}{2a}$$

という形の1個だけになります（この解を重解と言います）。

例3 2次方程式 $2x^2+7x+7=0$ の判別式を計算すると,

（判別式）$=7^2-4\cdot2\cdot7=-7$

です。ということは,実際の解 x は,

$$x=\frac{-b\pm\sqrt{-7}}{2a}$$

という形になります。

このように,$\sqrt{}$ の中身が負である数のことを虚数と言い,実数ではありません（くわしくは「数学Ⅱ」で学びます）。

以上，3 つの例でわかるように，2 次方程式の解は，

定　　理

❶ （判別式）> 0 $\iff$ 異なる 2 つの実数解
❷ （判別式）$= 0$ $\iff$ ただ一つの実数解（重解）
❸ （判別式）< 0 $\iff$ 実数解なし（異なる 2 つの虚数解）

と分類されます。

　なお，以上の話は解の公式❷のほうから，判別式を，

$$b'^2 - ac$$

と考えても同様です。

例　題

　次の 2 次方程式の解を判別せよ。

(1) $2x^2 - 5x + 1 = 0$ 　　　　(2) $3x^2 + x + 2 = 0$

解説

(1) （判別式）$= (-5)^2 - 4 \cdot 2 \cdot 1 = 17 > 0$

　　なので，<u>異なる 2 つの実数解をもつ</u>。

(2) （判別式）$= 1^2 - 4 \cdot 3 \cdot 2 = -23 < 0$

　　なので，<u>実数解をもたない（異なる 2 つの虚数解をもつ）</u>。

Dan's Point

判別式は，解の公式の $\sqrt{}$ の中身。だから，解が判別できる！

類　　題（基本 Ａ 2 分，Ｂ 5 分）

▶解答と解説は別冊p.25

Ａ　次の 2 次方程式の解を判別せよ。

(1) $x^2 - 4x + 6 = 0$ 　　　　(2) $2x^2 - x + \dfrac{1}{8} = 0$

(3) $3x^2 - 2x - 1 = 0$ 　　　　(4) $5x^2 - x - 3 = 0$

Ｂ　2 次方程式 $x^2 + (2 - 4k)x + k + 1 = 0$ が正の重解をもつとする。

　　このとき，定数 k の値は $k = \boxed{}$ であり，2 次方程式の重解は

$x = \boxed{}$ である。

（慶應義塾大）

---

13 2次不等式

1 2次不等式の解法 ----------------------------------

2次不等式は，グラフを見て考えるのが基本です。

例1 2次不等式 $2x^2-5x-3<0$ は，まず，
$$y=2x^2-5x-3$$
として，グラフを描くことを考えます。

今回は因数分解することで，
$$y=(2x+1)(x-3)$$
となり，グラフは右図のようになります。

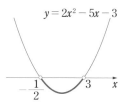

そして，
$$2x^2-5x-3<0 \iff y<0$$
だから，これに適するのは右図の太線部分です。

よって，2次不等式 $2x^2-5x-3<0$ の解は，
$$-\frac{1}{2}<x<3$$
となります。

例2 2次不等式 $x^2+6x+1 \geqq 0$ について，
$$y=x^2+6x+1$$
は因数分解できないので，平方完成すると，
$$y=(x+3)^2-8$$
となり，グラフは右図のようになります。

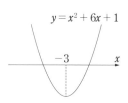

x 軸との交点は，
$$(x+3)^2-8=0$$
から，
$$x=-3\pm2\sqrt{2}$$
です。そして，
$$x^2+6x+1 \geqq 0 \iff y \geqq 0$$
だから，これに適するのは右図の太線部分です。

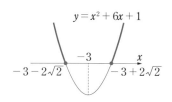

よって，2次不等式 $x^2+6x+1 \geqq 0$ の解は，
$$x \leqq -3-2\sqrt{2} \quad または \quad -3+2\sqrt{2} \leqq x$$
です。

第3章 方程式・不等式

例題 ❶

次の 2 次不等式を解け。

(1) $3x^2+5x-2>0$ 　　(2) $2x^2+x-4\leqq 0$

(3) $x^2-4x+4\leqq 0$ 　　(4) $x^2+6x+10>0$

解説

(1) $y=3x^2+5x-2=(x+2)(3x-1)$

のグラフは右図のとおり。

$y>0$ となる x の範囲は，

$$\underline{\underline{x<-2 \quad または \quad \frac{1}{3}<x}}$$

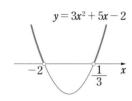

(2) $y=2x^2+x-4=2\left(x+\dfrac{1}{4}\right)^2-\dfrac{33}{8}$ ◀ まずは因数分解を考えたけどできないので，平方完成！

のグラフは右図のとおり。

$2\left(x+\dfrac{1}{4}\right)^2-\dfrac{33}{8}=0$ とすると，

$$\left(x+\frac{1}{4}\right)^2=\frac{33}{16} \iff x=\frac{-1\pm\sqrt{33}}{4}$$

$y\leqq 0$ となる x の範囲は，

$$\underline{\underline{\frac{-1-\sqrt{33}}{4}\leqq x\leqq\frac{-1+\sqrt{33}}{4}}}$$

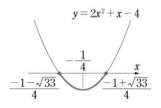

(3) $y=x^2-4x+4=(x-2)^2$ のグラフは

右図のとおり。

$y\leqq 0$ となる x の範囲は，

$$\underline{\underline{x=2}}$$

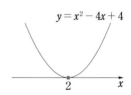

補足　「$\leqq$」は「$<$ または $=$」という意味です。

　今回は「$y<0$」となる部分はありませんが，「$y=0$」となる部分はあるので，そこ（$x=2$ の点だけ）が適する x となります。

(4) $y=x^2+6x+10=(x+3)^2+1$ のグラフ

は右図のとおり。

$y>0$ となる x の範囲は，

$$\underline{\underline{すべての実数}}$$

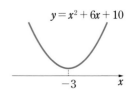

❷ 解から不等式を決定する ------------------------------

2次不等式の解が与えられたときに，もとの不等式を決定する問題です。

例題 ❷

次の問いに答えよ。

(1) 2次不等式 $ax^2+bx+6<0$ の解が「$x<-2$ または $3<x$」となるように定数 a, b の値を定めよ。

(2) すべての実数 x にたいして，不等式 $x^2-2kx+2k^2-5>0$ が成り立つような定数 k の値の範囲を求めよ。

解 説

(1) 解が「$x<-2$ または $3<x$」となるような図は右のとおり。

したがって，適する2次不等式の1つは，

$$(x+2)(x-3)>0$$
$$\therefore \quad x^2-x-6>0$$

でも，このままだと $ax^2+bx+6<0$ と不等号の向きが一致しないから……
両辺に -1 をかけて，

$$-x^2+x+6<0 \quad \therefore \quad \underline{a=-1, \ b=1}$$

(2) すべての実数 x にたいして，不等式 $x^2-2kx+2k^2-5>0$ が成り立つ条件は，

$$(最小値)>0 \quad \cdots\cdots(*)$$

である。

$y=x^2-2kx+2k^2-5=(x-k)^2+k^2-5$ のグラフの頂点は $(k, \ k^2-5)$ なので，

$$(*) \iff k^2-5>0$$

$y-k^2-5$ のグラフは右図のとおり。
よって，求める k の値の範囲は，

$$\underline{k<-\sqrt{5} \quad または \quad \sqrt{5}<k}$$

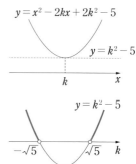

 補足

本問のように，

すべての実数 x にたいして $f(x)>0$ が成り立つ

とき，この不等式を絶対不等式と言います。

そして，絶対不等式は「最小値」に注目するのがセオリーです。

Dan's Point

2次不等式は，必ずグラフを考えよ！

▶解答と解説は別冊 $p.27$

― 類　題（ 基本 A 5分， B 7分 ）――――――――――

A　次の不等式を解け。ただし，a は定数とする。

(1)　$x^2+2x-15 \leqq 0$　　　　(2)　$-3x^2+10x-3 < 0$

(3)　$x^2-4x+7 \geqq 0$　　　　(4)　$2x^2-12x-1 \leqq 0$

(5)　$x^2+2x+1 \leqq 0$　　　　(6)　$2x^2-8x+11 < 0$

(7)　$a > 0$ のとき，$x^2-4ax+3a^2 \leqq 0$

(8)　$x^2-ax > 0$

B　次の問いに答えよ。

(1)　2次不等式 $ax^2+8x+b > 0$ の解が $-1 < x < 5$ であるとき，
　　$a = \boxed{}$，$b = \boxed{}$ である。

（西南学院大）

(2)　a を定数とするとき，不等式 $a(x^2+2) > 2x-1$ がすべての実数 x
　　にたいして成り立つような a の値の範囲を求めよ。

（龍谷大）

テーマ 14 絶対値を含む方程式・不等式

① 絶対値の定義

中学校でも学習したはずですが，新しい記号も含めて定義を確認します。

> ### 定　義
> 　数直線上において，原点から実数 a までの距離を a の絶対値と言い，$|a|$ で表す。

この定義からわかるように，絶対値は距離を表すので，必ず 0 以上です。

例1

右図からわかるように，
$$|3|=3,\quad |-5|=5,$$
$$|1-\sqrt{2}|=\sqrt{2}-1$$
です。

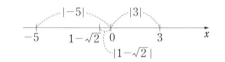

この **例1** でわかるように，負の数の絶対値は，中身に -1 をかけて絶対値記号をはずします。

> ### 例 題 ❶
> 　次の値を求めよ(絶対値記号をはずして表せ)。
> (1) $|\sqrt{4}|$　　　　(2) $-|-7|$　　　　(3) $|2\sqrt{6}-5|$
> (4) $x>3$ のとき，$|x-1|$

解 説

(1) 0 と $\sqrt{4}=2$ の距離は 2 だから，$|\sqrt{4}|=\underline{\underline{2}}$

(2) 0 と -7 の距離は 7 だから，
$$|-7|=7\quad\therefore\quad -|-7|=\underline{\underline{-7}}$$

(3) $2\sqrt{6}-5=\sqrt{24}-\sqrt{25}<0$ だから，
$$|2\sqrt{6}-5|=-(2\sqrt{6}-5)=\underline{\underline{5-2\sqrt{6}}}$$

> $2\sqrt{6}$ と 5 の大小は，両方とも $\sqrt{}$ の中に入れて比較！

(4) $x>3$ のとき，$x-1>2$ なので，
$$|x-1|=\underline{\underline{x-1}}$$

② 絶対値のグラフと方程式・不等式 ---------------

絶対値の定義から，一般的に次のことが成り立ちます。

┌─ 公　式 ──────────
$$|a| = \begin{cases} a & (0 \leq a) \\ -a & (a \leq 0) \end{cases}$$

> 中身が 0 以上なら，そのままはずす！
> 中身が 0 以下なら，−1 をかける！

このことを利用して，絶対値を含む関数のグラフを描けるようにしましょう。

例2

関数 $f(x) = |x-1|$ は，
$$f(x) = \begin{cases} x-1 & (0 \leq x-1) \\ -(x-1) & (x-1 \leq 0) \end{cases}$$
$$= \begin{cases} x-1 & (1 \leq x) \\ -x+1 & (x \leq 1) \end{cases}$$
と表せ，$y=f(x)$ のグラフは右のような
V 字型になります。

これは，

$1 \leq x$ では $f(x) = x-1$

$x \leq 1$ では $f(x) = -x+1$

という意味で，筆者は「場合分け」ではなく「場所分け」と呼んでいます。

例3

関数 $f(x) = |x^2 - 3x + 2|$ は，
$$f(x) = |(x-1)(x-2)|$$
$$= \begin{cases} (x-1)(x-2) & (0 \leq (x-1)(x-2)) \\ -(x-1)(x-2) & ((x-1)(x-2) \leq 0) \end{cases}$$
$$= \begin{cases} (x-1)(x-2) & (x \leq 1 \quad \text{または} \quad 2 \leq x) \\ -(x-1)(x-2) & (1 \leq x \leq 2) \end{cases}$$

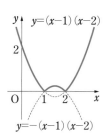

と表せ，$y=f(x)$ のグラフは右図の実線部分になります。

これらの例でわかるように，式全体に絶対値記号がついている場合は，

　　　　絶対値記号の中のグラフを描いて，x 軸の下側部分を上側に折り返す

ことによってグラフが描けます。

式の一部に絶対値記号がある場合は、ていねいに絶対値記号をはずして考えましょう。

例4

関数 $f(x) = x^2 - 6|x-1| + 5$ は、

$$f(x) = \begin{cases} x^2 - 6(x-1) + 5 & (0 \leqq x-1) \\ x^2 - 6(-x+1) + 5 & (x-1 \leqq 0) \end{cases}$$

$$= \begin{cases} x^2 - 6x + 11 & (1 \leqq x) \\ x^2 + 6x - 1 & (x \leqq 1) \end{cases}$$

$$= \begin{cases} (x-3)^2 + 2 & (1 \leqq x) \\ (x+3)^2 - 10 & (x \leqq 1) \end{cases}$$

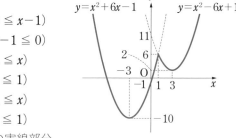

と表せ、$y = f(x)$ のグラフは右図の実線部分になります。

絶対値記号が複数ある場合には、次の例のように表を使って符号を整理するのがオススメです。

例5

関数 $f(x) = |x+2| + |x-3|$ について考えます。

$x+2$ と $x-3$ の符号は次の表のとおり。

x	$\cdots$	-2	$\cdots$	3	$\cdots$
$x+2$	$-$	0	$+$	$+$	$+$
$x-3$	$-$	$-$	$-$	0	$+$

> $x+2$ は $x=-2$ で、
> $x-3$ は $x=3$ で符号が変化します

よって、

$$f(x) = \begin{cases} (-x-2) + (-x+3) & (x \leqq -2) \\ (x+2) + (-x+3) & (-2 \leqq x \leqq 3) \\ (x+2) + (x-3) & (3 \leqq x) \end{cases}$$

$$= \begin{cases} -2x+1 & (x \leqq -2) \\ 5 & (-2 \leqq x \leqq 3) \\ 2x-1 & (3 \leqq x) \end{cases}$$

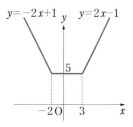

と表せるので、$y = f(x)$ のグラフは右図のようになります。

これらのグラフがスムーズに描けるようになると、2次不等式のときと同様に絶対値を含む方程式・不等式が解けるようになります。

次の方程式・不等式を解け。

(1) $|x+1|=3$

(2) $|x-2| \geqq 3$

(3) $|x+3|+|x-1| \leqq 6$

(4) $|2x+3| < -x+3$

解 説

(1) $y=|x+1|$

$$= \begin{cases} x+1 & (-1 \leqq x) \\ -x-1 & (x \leqq -1) \end{cases}$$

と，$y=3$ のグラフは右図のとおり。

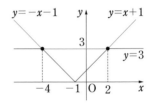

交点は $x+1=3$ と $-x-1=3$ を解いて，

$$x=-4,\ 2$$

よって，与式の解は，

$$\underline{x=-4,\ 2}$$

(2) $y=|x-2|$

$$= \begin{cases} x-2 & (2 \leqq x) \\ -x+2 & (x \leqq 2) \end{cases}$$

と，$y=3$ のグラフは右図のとおり。

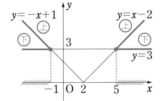

交点は $x-2=3$ と $-x+2=3$ を解いて，

$$x=5,\ -1$$

与式は，

$y=|x-2|$ が上，$y=3$ が下

という意味で，それは図の太線部分。

よって，与式の解は，

$$\underline{x \leqq -1 \quad \text{または} \quad 5 \leqq x}$$

(3) $y=|x+3|+|x-1|$

$$= \begin{cases} (-x-3)+(-x+1) & (x \leqq -3) \\ (x+3)+(-x+1) & (-3 \leqq x \leqq 1) \\ (x+3)+(x-1) & (1 \leqq x) \end{cases}$$

$$= \begin{cases} -2x-2 & (x \leqq -3) \\ 4 & (-3 \leqq x \leqq 1) \\ 2x+2 & (1 \leqq x) \end{cases}$$

x	$\cdots$	-3	$\cdots$	1	$\cdots$
$x+3$	$-$	0	$+$	$+$	$+$
$x-1$	$-$	$-$	$-$	0	$+$

と，$y=6$ のグラフは次ページの図のとおり。

交点は $-2x-2=6$ と $2x+2=6$ を解いて，
$$x=-4,\ 2$$
与式は，
$$y=|x+3|+|x-1|\ \text{が下，}\ y=6\ \text{が上}$$
という意味で，それは図の太線部分。

よって，与式の解は，
$$\underline{-4 \leqq x \leqq 2}$$

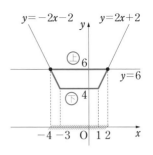

(4) $y=|2x+3|$
$$= \begin{cases} 2x+3 & \left(-\dfrac{3}{2} \leqq x\right) \\ -2x-3 & \left(x \leqq -\dfrac{3}{2}\right) \end{cases}$$

と，$y=-x+3$ のグラフは右図のとおり。

交点は，
$$2x+3=-x+3\ \text{と}\ -2x-3=-x+3$$
を解いて，
$$x=0,\ -6$$
与式は，
$$y=|2x+3|\ \text{が下，}\ y=-x+3\ \text{が上}$$
という意味で，それは図の太線部分。

よって，与式の解は，
$$\underline{-6 < x < 0}$$

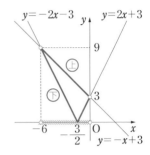

第 3 章 方程式・不等式

Dan's Point

絶対値を含む方程式・不等式は，グラフを見て考えよ！

▶ 解答と解説は別冊 $p.30$

─ 類　題（**基本** 8分）─────

次の方程式・不等式を解け。

(1) $x+2=|3x-4|$

(2) $|x+4|+|x-1|=-x^2+14$　　　　　　　　（センター試験）

(3) $|x-a|>2$　　　　　　　　　　　　　　　（慶應義塾大）

(4) $|3x-5|<2x+1$　　　　　　　　　　　　（神奈川大）

(5) $|x^2-2| \leqq x$

(6) $|3x-4|<|x+2|$　　　　　　　　　　　　（大阪経済大）

第 **4** 章

図形・三角比

テーマ **15** ～ テーマ **19**

テーマ 15 三角形の相似

① 相似の発見と比の計算

形が同じ（大きさはちがってもイイ）図形どうしを相似と言います。中学校で学んだとおり，2つの三角形が相似である条件は，

- ❶ 2組の角がそれぞれ等しい
- ❷ 2組の辺の比が等しく，その間の角が等しい
- ❸ 3組の辺の比がすべて等しい

の3パターンですが，❶を使うことが圧倒的に多いんです。したがって，相似な三角形を探すときは，まず角度に注目しましょう！

そして，相似が見つかったら，次にやることは比の計算です。このとき，どこが対応するか混乱してスムーズに計算できない人が多いのですが，そのコツは次の **例題 ❶** で解説します。

例題 ❶

右図において，DE∥BC である。
長さ x, y を求めよ。

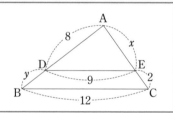

解 説

平行線の同位角は等しいので，

$$\begin{cases} \angle ABC = \angle ADE \\ \angle ACB = \angle AED \end{cases}$$

よって，$\triangle ABC \backsim \triangle ADE$ である。

　　　　対応する順番を守って！

したがって，

$$AB : AD = BC : DE = CA : EA$$

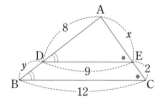

が成り立つから，

$$\overset{4\,:\,3}{(8+y) : 8 = \boxed{12 : 9} = (2+x) : x}$$

$$\iff \begin{cases} (8+y) : 8 = 4 : 3 \\ 4 : 3 = (2+x) : x \end{cases}$$

$$\iff \begin{cases} 3(8+y) = 32 \\ 4x = 3(2+x) \end{cases} \qquad \therefore \ \underline{x=6}, \ \underline{y = \dfrac{8}{3}}$$

> この式を書くときに図は見ない！
> 上の「△ABC ∽ △ADE」という式だけ見れば，**対応する頂点の順番がわかるから3組全部書いて**，そのあとに長さを見ればイイのです

❷ 円が関係する三角形の相似 -

次の 3 パターンはよく出てくる構図なので，覚えておきましょう。

❶ 円の中のリボンの形
円周角の定理より，

$$\angle\,PAD=\angle\,PCB, \quad \angle\,PDA=\angle\,PBC$$
$$\therefore \quad \triangle\,PAD \backsim \triangle\,PCB$$

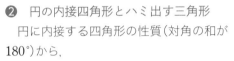

❷ 円の内接四角形とハミ出す三角形
円に内接する四角形の性質（対角の和が 180°）から，

$$\angle\,PAC=\angle\,PDB, \quad \angle\,PCA=\angle\,PBD$$
$$\therefore \quad \triangle\,PAC \backsim \triangle\,PDB$$

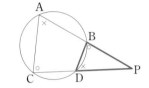

❸ 円の接線とハミ出す三角形
接弦定理より，

$$\angle\,PAT=\angle\,PTB$$

共通角なので，

$$\angle\,APT=\angle\,TPB$$
$$\therefore \quad \triangle\,APT \backsim \triangle\,TPB$$

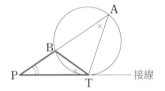

接線

たとえば，**❶**において，

$$PA : PC = PD : PB$$

が成り立つから，

$$PA \cdot PB = PC \cdot PD$$

となります。これを方べきの定理と言うのですが，もし AD のほうを使う問題であれば，方べきの定理では処理できません。

　方べきの定理を理屈抜きで暗記するよりも，上の 3 組の相似を見抜き，前ページの**例題❶**のように比の計算を実行するほうが実践的です。

各図において，長さ x, y, z, w を求めよ。

(1)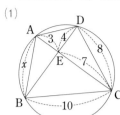

(2)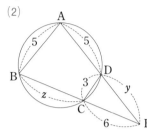

(3)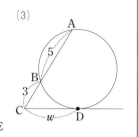

解 説

(1) $\triangle ABE \backsim \triangle DCE$ なので，

$$AB : DC = BE : CE = EA : ED$$

が成り立つ。よって，

$$x : 8 = BE : 7 = 3 : 4$$

$$\therefore \quad 4x = 8 \cdot 3$$

$$\therefore \quad x = \underline{\underline{6}}$$

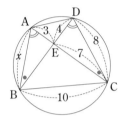

(2) $\triangle ABE \backsim \triangle CDE$ なので，

$$AB : CD = BE : DE = EA : EC$$

が成り立つ。よって，

$$5 : 3 = (z+6) : y = (y+5) : 6$$

$$\Leftrightarrow \quad \begin{cases} 5 : 3 = (z+6) : y \\ 5 : 3 = (y+5) : 6 \end{cases}$$

$$\Leftrightarrow \quad \begin{cases} 5y = 3(z+6) \\ 3(y+5) = 5 \cdot 6 \end{cases}$$

$$\therefore \quad y = 5, \quad z = \underline{\underline{\frac{7}{3}}}$$

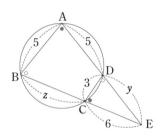

(3) $\triangle ACD \backsim \triangle DCB$ なので，

$$AC : DC = CD : CB = DA : BD$$

が成り立つ。よって，

$$8 : w = w : 3 = DA : BD$$

$$\therefore \quad w^2 = 8 \cdot 3$$

$$\therefore \quad w = \underline{\underline{2\sqrt{6}}} \quad (\because \quad w > 0)$$

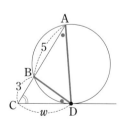

Dan's Point

角度に注目して相似を見抜く！
そして，辺の比を3組全部書いて計算に入る！

類　題（ 標準 8分 ）

▶解答と解説は別冊 $p.32$

各図において，長さ x, y を求めよ。

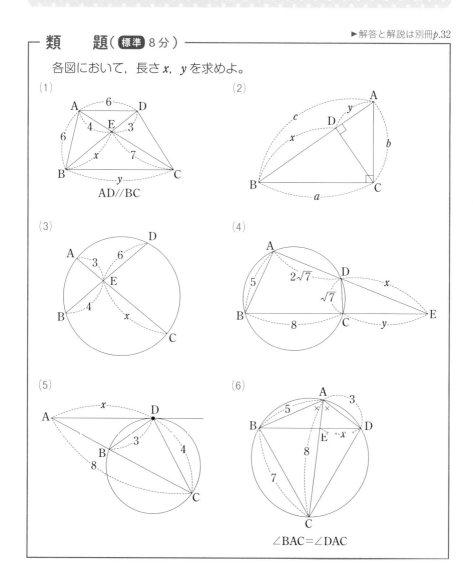

(1)
AD//BC

(2)

(3)

(4)

(5)

(6)
∠BAC＝∠DAC

第4章

図形・三角比

テーマ15　三角形の相似　**79**

メネラウスの定理・チェバの定理

① メネラウスの定理

三角形の周りの線分比を計算する有名な定理がメネラウスの定理です。

> **メネラウスの定理**
>
> 下図のとき，$\triangle$ABC と直線 PQR について，
>
> $$\frac{AR}{RB} \cdot \frac{BP}{PC} \cdot \frac{CQ}{QA} = 1$$
>
> が成り立つ。

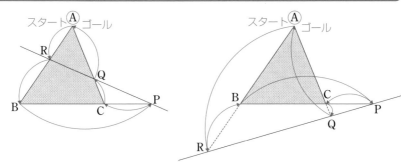

 証明 （いろいろな証明方法が知られていますが，その１つです）

3点 A，B，C から直線 PQR に下ろした垂線の足を順に H，I，J とおく。

$\triangle$ARH $\backsim$ $\triangle$BRI なので，

$$\frac{AR}{RB} = \frac{AH}{BI} \quad \cdots\cdots ①$$

AR：BR＝AH：BI と同じ意味

$\triangle$BPI $\backsim$ $\triangle$CPJ なので，

$$\frac{BP}{PC} = \frac{BI}{CJ} \quad \cdots\cdots ②$$

$\triangle$CJQ $\backsim$ $\triangle$AHQ なので，

$$\frac{CQ}{QA} = \frac{CJ}{AH} \quad \cdots\cdots ③$$

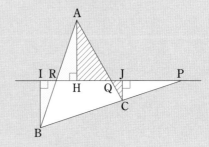

①・②・③の辺々をかけると，

全部約分されます！

$$\frac{AR}{RB} \cdot \frac{BP}{PC} \cdot \frac{CQ}{QA} = \frac{AH}{BI} \cdot \frac{BI}{CJ} \cdot \frac{CJ}{AH} = 1$$

（証明終）

メネラウスの定理を使うときは，どの三角形とどの直線の組合せに適用しているのかを，はっきりさせましょう。

　メネラウスの定理で求めるものは，

　　　　三角形の周りの線分比

なので，比を求めたい線分を含む三角形を見つけることが大切です。

　また，定理の左辺は分数を上から読んで，

$$Ⓐ \rightarrow \boxed{R} \rightarrow Ⓑ \rightarrow \boxed{P} \rightarrow Ⓒ \rightarrow \boxed{Q} \rightarrow Ⓐ$$

三角形　直線　〓　直　〓　直　〓

というように，三角形の頂点と直線上の点を交互に，三角形の周りをぐるっと1周する形で書かれていることに注目すると覚えやすい！（かも？）

例題 ❶

　三角形 ABC において，辺 AB を $1:2$ に内分する点を D，辺 BC を $1:2$ に内分する点を E とする。

　線分 AE と線分 CD の交点を F とするとき，CF : DF を求めよ。

解説

　求めるものが CF : DF だから，C，F，D が辺上にある三角形を探して……

　△CBD と直線 AFE についてのメネラウスの定理より，

> △ADC のほうだと，
> BE : EC = 1 : 2
> という条件が使えません

$$\frac{CE}{EB} \cdot \frac{BA}{AD} \cdot \frac{DF}{FC} = 1$$

が成り立つ。よって，

$$\frac{2}{1} \cdot \frac{3}{1} \cdot \frac{DF}{FC} = 1$$

$$\Longleftrightarrow \quad \frac{DF}{FC} = \frac{1}{6}$$

$$\Longleftrightarrow \quad CF : DF = \underline{\underline{6 : 1}}$$

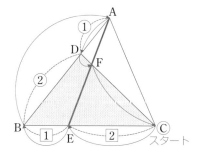

② チェバの定理 -

次のチェバの定理も有名です。

> **チェバの定理**
>
> 下図のとき，$\triangle ABC$ と点 P について
>
> $$\frac{AQ}{QB} \cdot \frac{BR}{RC} \cdot \frac{CS}{SA} = 1$$
>
> が成り立つ。

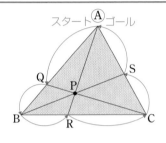

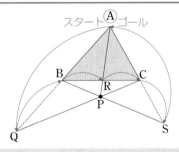

証明 $\triangle APC$ と $\triangle BPC$ は底辺 PC を共有していると

見れば，その面積比は高さの比に等しい。

よって，

$$\frac{AQ}{QB} = \frac{\triangle APC}{\triangle BPC} \quad \cdots\cdots ①$$

が成り立つ。

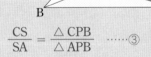

同様に，

$$\frac{BR}{RC} = \frac{\triangle BPA}{\triangle CPA} \quad \cdots\cdots ② \qquad \frac{CS}{SA} = \frac{\triangle CPB}{\triangle APB} \quad \cdots\cdots ③$$

も成り立つ。

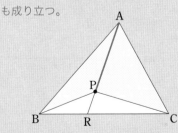

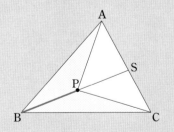

①・②・③の辺々をかけると，

$$\frac{AQ}{QB} \cdot \frac{BR}{RC} \cdot \frac{CS}{SA} = \frac{\triangle APC}{\triangle BPC} \cdot \frac{\triangle BPA}{\triangle CPA} \cdot \frac{\triangle CPB}{\triangle APB} = 1$$

(証明終)

メネラウスの定理と同様，三角形の周りの線分比を求める定理です。

例題 ❷

　1辺の長さが7の正三角形 ABC において，辺 AB 上に点 D を AD＝3 となるように，辺 AC 上に点 E を AE＝6 となるようにとる。

　このとき，直線 BE と直線 CD の交点を F，直線 AF と直線 BC の交点を G とする。線分 BG の長さを求めよ。

解 説

題意から右図のようになる。

△ABC と点 F についてのチェバの定理より，

$$\frac{AD}{DB} \cdot \frac{BG}{GC} \cdot \frac{CE}{EA} = 1$$

が成り立つ。よって，

$$\frac{3}{4} \cdot \frac{BG}{GC} \cdot \frac{1}{6} = 1 \qquad \therefore \quad \frac{BG}{GC} = 8$$

したがって，

$$BG = \frac{8}{9} \cdot 7 = \frac{56}{9}$$

スタート Ａ

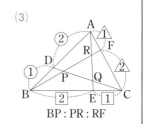

BG：GC＝8：1と同じ意味です

第 4 章　図形・三角比

Dan's Point

メネラウスの定理・チェバの定理のどちらも，三角形の周りの線分比を求める定理だから，どの三角形に適用するのかを考える！

類　題（標準 6分）

▶解答と解説は別冊 p.34

各図において，比を求めよ。

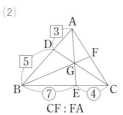

(1)
A
E
F
B　3　D　5　C
BF：FE

(2)
A
3
D
F
5
G
B ⑦ E ④ C
CF：FA

(3)
A
② ①
D　R　F
① P Q ②
B ② E ① C
BP：PR：RF

三角比の定義

❶ 鋭角の三角比

鋭角 θ によって決まる下図のような直角三角形にたいして，

正弦 $\sin\theta = \dfrac{y}{r}$

余弦 $\cos\theta = \dfrac{x}{r}$

正接 $\tan\theta = \dfrac{y}{x}$

と定義します。これらを三角比と言います。

例1

$\theta = 30°$ のとき，下図のどの三角形であっても（約分などすれば），

$$\sin 30° = \frac{1}{2}, \quad \cos 30° = \frac{\sqrt{3}}{2}, \quad \tan 30° = \frac{1}{\sqrt{3}}$$

となります。つまり，三角比は「比」なので，三角形の大きさには影響されず，角度だけで決定します。

 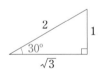 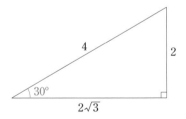

─ 例 題 ❶ ─

それぞれの図において，$\sin\theta$，$\cos\theta$，$\tan\theta$ の値を求めよ。

(1)

(2)

(3)

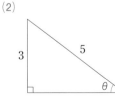 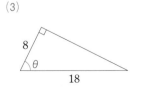

解 説

(1) $\theta=45°$ のとき，右図のような3辺の比の直角二等辺
三角形だから，

$$\sin\theta=\underline{\frac{1}{\sqrt{2}}}, \cos\theta=\underline{\frac{1}{\sqrt{2}}}, \tan\theta=\underline{1}$$

(2) 見やすいように（定義の図と同じ向きになるように）
置き直すと右図のようになる。三平方の定理により，

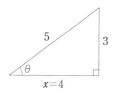

$$x^2=5^2-3^2=16 \quad \therefore \quad x=4$$

したがって，

$$\sin\theta=\underline{\frac{3}{5}}, \cos\theta=\underline{\frac{4}{5}}, \tan\theta=\underline{\frac{3}{4}}$$

(3) 三角比の値は，三角形の大きさに関係ないので，与え
られている2辺の長さを2で割ってから求めてもイイ
（右図の赤字の数字）。

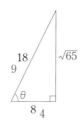

三平方の定理により，右図のとおり。
したがって，

$$\sin\theta=\underline{\frac{\sqrt{65}}{9}}, \cos\theta=\underline{\frac{4}{9}}, \tan\theta=\underline{\frac{\sqrt{65}}{4}}$$

❷ 三角比の拡張 -

三角比の値は三角形の大きさに関係なく決まるの
で，斜辺の長さ r を1としてみましょう。すると，

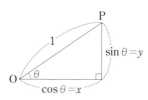

$$\sin\theta=y, \cos\theta=x, \tan\theta=\frac{y}{x}$$

となります。

このことから，点Oを中心とする半径1の円周
上に点Pをとり，〔この円を「単位円」と言います〕

sin θ ＝（点Pの y 座標）

cos θ ＝（点Pの x 座標）

tan θ ＝（OPの傾き）

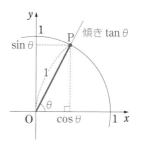

としても，いままでの定義とは何も矛盾しません。

したがって，あらためてこれを三角比の定義とする
ことで鋭角以外の θ についても考えることにします。

$\theta = 120°$ の場合は……

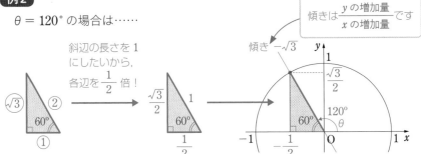

傾きは $\dfrac{y \text{の増加量}}{x \text{の増加量}}$ です

というわけで,

$$\sin120° = \frac{\sqrt{3}}{2}, \quad \cos120° = -\frac{1}{2}, \quad \tan120° = -\sqrt{3}$$

です。

例題 ❷

$0° \leqq \theta \leqq 180°$ のとき, 次の問いに答えよ。

(1) $\cos\theta = -\dfrac{2}{3}$ のとき, $\sin\theta$, $\tan\theta$ の値を求めよ。

(2) $\sin\theta = \dfrac{\sqrt{7}}{4}$ のとき, $\cos\theta$, $\tan\theta$ の値を求めよ。

解説

(1) $\cos\theta = -\dfrac{2}{3}$ となるのは下図の点P。

x座標が $-\dfrac{2}{3}$

傾き $-\dfrac{\sqrt{5}}{2}$

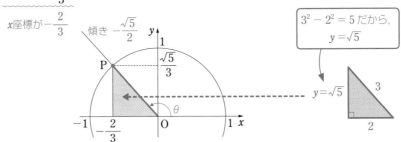

$3^2 - 2^2 = 5$ だから, $y = \sqrt{5}$

したがって,

$$\sin\theta = \underline{\underline{\frac{\sqrt{5}}{3}}}, \quad \tan\theta = \underline{\underline{-\frac{\sqrt{5}}{2}}}$$

(2) $\sin\theta = \dfrac{\sqrt{7}}{4}$ となるのは下図の点 P, Q。

y座標が$\dfrac{\sqrt{7}}{4}$　　　　　　左右対称！

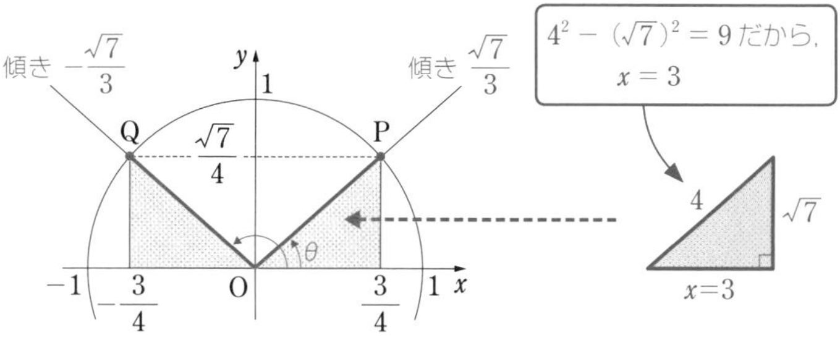

傾き $-\dfrac{\sqrt{7}}{3}$　　　　　　　傾き $\dfrac{\sqrt{7}}{3}$

$4^2 - (\sqrt{7})^2 = 9$ だから, $x = 3$

4　$\sqrt{7}$

$x = 3$

したがって,

$$(\cos\theta,\ \tan\theta) = \left(\dfrac{3}{4},\ \dfrac{\sqrt{7}}{3}\right),\ \left(-\dfrac{3}{4},\ -\dfrac{\sqrt{7}}{3}\right)$$

補足　この手の問題に「三角比の相互関係」と呼ばれる3つの式

$$\sin^2\theta + \cos^2\theta = 1,\quad \tan\theta = \dfrac{\sin\theta}{\cos\theta},\quad 1 + \tan^2\theta = \dfrac{1}{\cos^2\theta}$$

を使う人も多いのですが, 定義に戻って単位円を使えるようにすることのほうが大切です。

Dan's Point

鋭角の三角比は直角三角形, 鋭角以外の三角比は単位円！

▶解答と解説は別冊$p.35$

── **類　題**（ 基礎 4分 ）──────────

$0° \leqq \theta \leqq 180°$ のとき, 次の問いに答えよ。

(1) $\sin\theta = \dfrac{1}{2}$ のとき, $\cos\theta$, $\tan\theta$ の値を求めよ。

(2) $\cos\theta = -\dfrac{5}{13}$ のとき, $\sin\theta$, $\tan\theta$ の値を求めよ。

(3) $\tan\theta = 3$ のとき, $\sin\theta$, $\cos\theta$ の値を求めよ。

テーマ 18 正弦定理・余弦定理

① 正弦定理

以下，とくに断りがないときは右図のように，3辺の長さを a, b, c, 3つの角の大きさを A, B, C とします。

外接円の半径 R と辺や角度の関係を表す定理が次の正弦定理です。

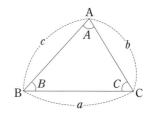

> **正弦定理**
>
> $$2R = \frac{a}{\sin A} = \frac{b}{\sin B} = \frac{c}{\sin C}$$

証明

A が鋭角の場合	A が鈍角の場合	A が直角の場合

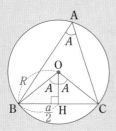 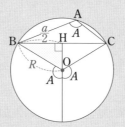 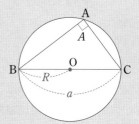

❶ A が鋭角または鈍角の場合

外心 O から辺 BC に垂線 OH を下ろし，直角三角形 OBH に注目して，

$$\sin A = \frac{\mathrm{BH}}{\mathrm{OB}} = \frac{\frac{a}{2}}{R} = \frac{a}{2R} \qquad \therefore \quad 2R = \frac{a}{\sin A}$$

❷ A が直角の場合

$\sin A = 1$ であり，$\mathrm{BC} = a = 2R$ だから，$2R = \dfrac{a}{\sin A}$ が成り立つ。

B, C についても同様にして，

$$2R = \frac{b}{\sin B}, \quad 2R = \frac{c}{\sin C}$$

が成り立つ。

(証明終)

補足 中心角は円周角の2倍だから，上図のようになります。

例題 ❶

△ABC において，以下の問いに答えよ。

(1) $b=4$，$B=30°$，$C=105°$ のとき，a と外接円の半径 R を求めよ。

(2) $b=2$，$c=\sqrt{6}$，$C=60°$ のとき，A と B を求めよ。

解説

(1) $A=180°-(30°+105°)=45°$ なので，正弦定理より，

$$2R=\frac{a}{\sin45°}=\frac{4}{\sin30°}\left(=\frac{c}{\sin C}\right)$$

が成り立つ。

ここで，$\sin45°=\dfrac{1}{\sqrt{2}}$，$\sin30°=\dfrac{1}{2}$ なので，

$$2R=a\cdot\sqrt{2}=4\cdot2$$
$$\therefore\quad a=\underline{\underline{4\sqrt{2}}},\quad R=\underline{\underline{4}}$$

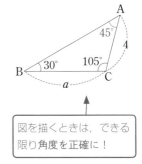

図を描くときは，できる限り角度を正確に！

(2) 正弦定理より，

$$\left(2R=\frac{a}{\sin A}=\right)\frac{2}{\sin B}=\frac{\sqrt{6}}{\sin60°}$$

が成り立つ。

ここで，$\sin60°=\dfrac{\sqrt{3}}{2}$ なので，

$$\frac{2}{\sin B}=\sqrt{6}\cdot\frac{2}{\sqrt{3}}\qquad\therefore\quad\sin B=\frac{1}{\sqrt{2}}$$

これを満たす B には $B=45°$，$135°$ の 2 つあるが，$C=60°$ なので，

$$B<180°-60°=120°\qquad\therefore\quad B=\underline{\underline{45°}}$$

したがって，

$$A=180°-(B+C)=180°-105°=\underline{\underline{75°}}$$

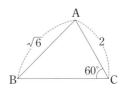

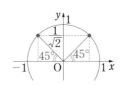

補足

(1)・(2)ともに，ウマく垂線を引くと下図のようになっていることがわかります(だから，じつは有名角にたいしては正弦定理なんて要らない？)。

(1)

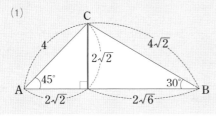

(2)

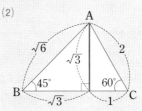

❷ 余弦定理 -

3辺と1つの角の間に成り立つ関係式が次の余弦定理です。

> **余弦定理** ──────────
>
> $$a^2 = b^2 + c^2 - 2bc \cos A$$

証明▶

A が鋭角の場合　　　　A が鈍角の場合　　　　A が直角の場合

点 C から辺 AB に垂線 CH を下ろすと，

$$\text{CH} = b \sin A, \quad \text{BH} = c - b \cos A$$

なので，△BCH における三平方の定理より，

$$
\begin{aligned}
a^2 &= (b \sin A)^2 + (c - b \cos A)^2 \\
&= b^2(\sin^2 A + \cos^2 A) + c^2 - 2bc \cos A \\
&= b^2 + c^2 - 2bc \cos A
\end{aligned}
$$

> 厳密には，B が鈍角の場合，
> $$\text{BH} = b \cos A - c$$
> ですが，次に2乗するので影響
> はありません

(証明終)

教科書などでは，

$$b^2 = c^2 + a^2 - 2ca \cos B, \quad c^2 = a^2 + b^2 - 2ab \cos C$$

といった式も書いてありますが，これらは三角形を見る向きを変えただけなので覚える必要はありません。

なお，$a^2 = b^2 + c^2 - 2bc \cos A$ を式変形した，

$$\cos A = \frac{b^2 + c^2 - a^2}{2bc}$$

という形は便利なので，瞬時に書けるようにしておいたほうがイイですよ！

> ── **例題 ❷** ──
>
> △ABC において，以下の問いに答えよ。
> (1) $A = 45°$，$b = 4\sqrt{2}$，$c = 7$ のとき，a を求めよ。
> (2) $a = 8$，$b = 5$，$c = 7$ のとき，C を求めよ。

解 説

(1) 余弦定理より,

$$a^2 = (4\sqrt{2})^2 + 7^2 - 2 \cdot 4\sqrt{2} \cdot 7\cos45°$$
$$= 32 + 49 - 56\sqrt{2} \cdot \frac{1}{\sqrt{2}}$$
$$= 25$$
$$\therefore \quad a = \underline{\underline{5}}$$

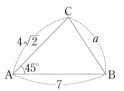

(2) 余弦定理より,

$$\cos C = \frac{8^2 + 5^2 - 7^2}{2 \cdot 8 \cdot 5}$$
$$= \frac{5^2 + (8-7)(8+7)}{2 \cdot 8 \cdot 5} = \frac{40}{2 \cdot 8 \cdot 5}$$
$$= \frac{1}{2}$$
$$\therefore \quad C = \underline{\underline{60°}}$$

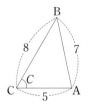

補足 (1)では, 右図のように(定理の証明と同様に)垂線 CH を下ろすことでも a を求められます。

筆者は, 有名角にたいしてはこのように処理することが多いのです。補助線をどう引くかは難しい話なのですが, 定理の証明を理解していれば, この補助線は自然な補助線です。

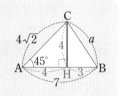

Dan's Point

❶ 2辺2角　または　外接円の半径　　➡　正弦定理

❷ 3辺1角　　　　　　　　　　　　➡　余弦定理

類　題（**標準** A 6分, B 6分）

▶解答と解説は別冊 $p.36$

A △ABC において, 以下の問いに答えよ。

(1) $a = 2\sqrt{3}$, $b = 4 + \sqrt{3}$, $c = 5$ のとき, C と外接円の半径 R を求めよ。

(2) $\sin A : \sin B : \sin C = 5 : 7 : 3$ のとき, 最大角の大きさを求めよ。

B 円に内接する四角形 ABCD について, 各辺の長さが,

AB = 5, BC = 6, CD = 2, DA = 3

であるとする。対角線 AC の長さと $\cos \angle ABC$ を求めよ。（関東学院大）

テーマ 19　三角形の面積

❶　三角形の面積

余弦定理の証明の図を見ればわかるように，
$\triangle ABC$ において，

c を底辺とするときの高さは $b \sin A$

です。

したがって，$\triangle ABC$ の面積を S とするとき，
次の公式が成り立ちます。

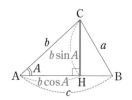

┌─ **面積公式 ❶** ────────────────

$$S = \frac{1}{2} bc \sin A$$

余弦定理の場合と同様に，教科書などに書かれている，

$$S = \frac{1}{2} ca \sin B, \quad S = \frac{1}{2} ab \sin C$$

という式は，三角形を見る向きを変えただけなので覚える必要はありません。

┌─ **例 題 ❶** ────────────────

次の $\triangle ABC$ の面積を求めよ。

(1)　$A = 45°$，$b = 4\sqrt{2}$，$c = 7$

(2)　$a = 4$，$b = 5$，$c = 6$

解 説

(1)　$\triangle ABC = \dfrac{1}{2} \cdot 4\sqrt{2} \cdot 7 \sin 45° = 2\sqrt{2} \cdot 7 \cdot \dfrac{1}{\sqrt{2}}$

$\qquad\qquad = \underline{\underline{14}}$

(2)　余弦定理より，

$$\cos A = \frac{5^2 + 6^2 - 4^2}{2 \cdot 5 \cdot 6} = \frac{3}{4}$$

$$\therefore \quad \sin A = \frac{\sqrt{7}}{4}$$

したがって，

$$\triangle ABC = \frac{1}{2} \cdot 5 \cdot 6 \sin A = \underline{\underline{\frac{15\sqrt{7}}{4}}}$$

テーマ 17 を思い出して！

② 内接円の半径と面積

次は，内接円の半径 r と $\triangle ABC$ の面積 S の関係式です。

面積公式❷

$$S = \frac{1}{2} r(a+b+c)$$

証明

内接円の中心(内心)を I とすると，

$S = \triangle BCI + \triangle CAI + \triangle ABI$

$ = \frac{1}{2} ar + \frac{1}{2} br + \frac{1}{2} cr$

$ = \frac{1}{2} r(a+b+c)$

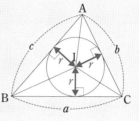

（証明終）

例題❷

$\triangle ABC$ において，

$\qquad a=3,\ b=4,\ c=5$

のとき，内接円の半径 r を求めよ。

解説

3辺の長さの比が $3:4:5$ だから，$\triangle ABC$ は C が直角の直角三角形である。

よって，$\triangle ABC$ の面積に注目して，

$$\frac{1}{2} r(3+4+5) = \frac{1}{2} \cdot 3 \cdot 4$$

$$\therefore \quad r = \underline{\underline{1}}$$

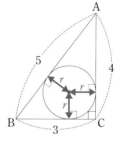

Dan's Point

2つの面積公式の理屈を理解して使いましょう！

類　題（ 標準 　A 3分，　B 7分 ）

▶解答と解説は別冊 $p.38$

A　3辺の長さが 5，6，7 の三角形 T の面積を求めよ。　　　（北海道大）

B　$\triangle ABC$ において，$a=2$，$b=1+\sqrt{3}$，$C=60°$ のとき，c と内接円の半径 r を求めよ。

第 5 章

場合の数・確率

テーマ 20 ～ テーマ 23

1 数えあげ

「場合の数・確率」のいちばんの基本は,

　　　　樹形図や表などを使って正しく数えあげる

ことです。

例1

　異なる 2 個のサイコロ A, B を投げるとき,
目の出方は右表のように全部で,

　　　$6 \cdot 6 = 36$（通り）

です。

　そのなかで, 目の和が 7 になっているものは
6 通りです。また, 目の和が 3 の倍数になって
いるものは 12 通りです。

（2個のサイコロの目の和）

A\B	1	2	3	4	5	6
1	2	3	4	5	6	7
2	3	4	5	6	7	8
3	4	5	6	7	8	9
4	5	6	7	8	9	10
5	6	7	8	9	10	11
6	7	8	9	10	11	12

例2

　A, B, C の 3 文字を 1 列に並べた順列
は右図のように 6 通りです。

　このとき, 最初の枝分かれが 3 本で,
その 3 本それぞれにたいして次の枝分か
れが 2 本ずつあり, 最後はそれぞれ 1 本
ずつあります。

　したがって, 順列の総数は,

　　　$3 \cdot 2 \cdot 1 = 6$（通り）

と計算できます。

> 順番をつけて 1 列に並べた
> ものを順列と言います。

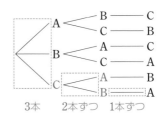

3本　2本ずつ　1本ずつ

　この **例2** からわかるように, 異なるモノすべてを 1 列に並べた順列は, 枝
分かれが 1 本ずつ減っていくので, 一般的に次のことが言えます。

┌ 階　　乗 ──────────────────────

　異なる n 個のものを 1 列に並べた順列の総数は,

　　　$n(n-1)(n-2) \cdots \cdots 3 \cdot 2 \cdot 1$（通り）

となる。この式を「n の階乗」と言い, $n!$ で表す。

例題 ❶

A　次の値を計算せよ。

(1)　$5!$　　　　　(2)　$7!-6!$　　　　(3)　$\dfrac{8!}{5!}$

B　0, 1, 2, 3, 4 の 5 つの数字から 3 つを並べて 3 桁の整数を作るとき，偶数は何通りあるか。

解 説

A　(1)　$5! = 5 \cdot 4 \cdot 3 \cdot 2 \cdot 1 = (5 \cdot 2) \cdot (4 \cdot 3)$

　　　　　　$= \underline{\underline{120}}$

> 10 になるカタマリを作ると計算が少しラクです！

(2)　$7!-6! = 7 \cdot 6! - 6!$

　　　　　$= 6 \cdot 6!$

　　　　　$= 6 \cdot 6 \cdot 5 \cdot 4 \cdot 3 \cdot 2 \cdot 1$

　　　　　$= (5 \cdot 2) \cdot (6 \cdot 6 \cdot 4 \cdot 3 \cdot 1)$

　　　　　$= \underline{\underline{4320}}$

> 7! と 6! を求めてから引くのはタイヘン！
> $7x - x = 6x$ と同様にまとめられます

(3)　$\dfrac{8!}{5!} = \dfrac{8 \cdot 7 \cdot 6 \cdot 5!}{5!} = 8 \cdot 7 \cdot 6 = \underline{\underline{336}}$

B　偶数になるものは一の位が 0, 2, 4 の場合であり，百の位には 0 が使えないことに注意すると，それぞれ下図のようになるから，

　　　$4 \cdot 3 + 3 \cdot 3 + 3 \cdot 3 = \underline{\underline{30}}$（通り）

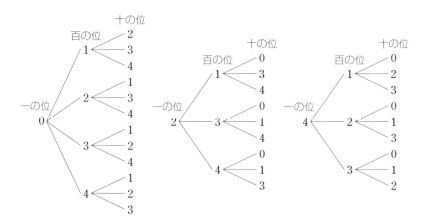

② 「選ぶ」と「並べる」

頻繁に出てくる状況は公式化しておいたほうが便利なので，次のような記号を定義します。

定　義

❶　異なる n 個のものから k 個を選んで1列に<u>並べる</u>順列の総数を ${}_n\mathrm{P}_k$ 通りとする。

❷　異なる n 個のものから k 個を<u>選ぶ</u>組合せの総数を，${}_n\mathrm{C}_k$ 通りとする。

例3

A，B，C，D，E の5つのうちの3個で作る順列を考えます。

まず1番目の文字は5通りあります。

たとえば1番目が A であれば，2番目は B，C，D，E の4通りです。

そして，3番目はさらに1つ減って3通りです。

よって，

$$ {}_5\mathrm{P}_3 = 5 \cdot 4 \cdot 3 = 60 \text{（通り）} $$

となります。

> 枝の本数が1つずつ減っていきますね

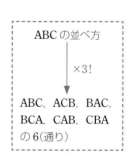

この **例3** のように，樹形図を描くと枝の本数が1つずつ減っていくので，

$$ {}_n\mathrm{P}_k = \underbrace{n(n-1)(n-2) \cdot \dots \cdot (n-k+1)}_{n \text{ から1つずつ減らして，全部で } k \text{ 個の積}} $$

となります。

例4

上の **例3** を，次の2ステップに分けて考えてみましょう。

❶　A，B，C，D，E から3個を選ぶ（順番はつけない）と ${}_5\mathrm{C}_3$ 通り。

❷　❶で選んだ3個を1列に並べると 3! 通り。

この結果，**例3** の順列がすべて得られるので，

$$ {}_5\mathrm{C}_3 \cdot 3! = {}_5\mathrm{P}_3 $$

> ABC の並べ方
> ↓ ×3!
> ABC，ACB，BAC，BCA，CAB，CBA の6（通り）

という関係式が成り立ちます。

よって，組合せの総数（選び方の総数）$_5C_3$ は，

$$_5C_3 = \frac{_5P_3}{3!} = \frac{5 \cdot 4 \cdot 3}{3 \cdot 2 \cdot 1} = 10 \ (\text{通り})$$

となります。

この **例4** の考え方から，一般的に，

$$_nC_k = \frac{_nP_k}{k!} = \frac{n(n-1)(n-2) \cdot \cdots \cdot (n-k+1)}{k(k-1)(k-2) \cdot \cdots \cdot 3 \cdot 2 \cdot 1}$$

となります。

例題 ❷

次の問いに答えよ。

(1) A，B，C，D，E，F のうちの 3 個で作る順列の総数を求めよ。

(2) A，B，C，D，E，F から 2 個を選ぶ組合せの総数を求めよ。

(3) 区別のできない 10 個の赤球から 3 個を選ぶ組合せの総数を求めよ。

(4) 8 人の中から，委員長，書記，会計の 3 人を選ぶとき，選び方の総数を求めよ。

(5) 12 人の中から，リーダー 1 人とサブリーダー 2 人の計 3 人を選ぶとき，選び方の総数を求めよ。

解 説

(1) $_6P_3 = 6 \cdot 5 \cdot 4 = 3 \cdot (2 \cdot 5) \cdot 4 = \underline{120 \ (\text{通り})}$

(2) $_6C_2 = \dfrac{\overset{3}{\cancel{6}} \cdot 5}{\cancel{2} \cdot 1} = \underline{15 \ (\text{通り})}$

(3) どの 3 個を選んでも区別できないから，

$\underline{1 \ (\text{通り})}$

> $_{10}C_3$ としてはいけません！
> $_{10}C_3$ は異なる（区別できる）10 個から 3 個を選ぶ場合の数です

(4) 8 人から順番をつけて 3 人選ぶので，

$_8P_3 = 8 \cdot 7 \cdot 6 = \underline{336 \ (\text{通り})}$

> 問題文に「選ぶ」と書いてあるからといって $_8C_3$ としてはダメ！
> 「順番をつけて選ぶ」は「並べる」と同じことです

(5) まず，リーダー 1 人の選び方が 12 通り。

残りの 11 人から 2 人のサブリーダーを選ぶ選び方が $_{11}C_2$ 通り。

よって，

$12 \cdot _{11}C_2 = 12 \cdot \dfrac{11 \cdot \overset{6}{\cancel{10}}}{\cancel{2} \cdot 1} = \underline{660 \ (\text{通り})}$

第 **5** 章

場合の数・確率

例題 ❸

男子 4 人，女子 3 人が横 1 列に並ぶ。次の問いに答えよ。

(1) 両端が男子である並び方は何通りあるか。

(2) 男子 4 人が連続している並び方は何通りあるか。

(3) 女子 3 人のうち，どの 2 人も隣り合わない並び方は何通りあるか。

解 説

(1) 男子 4 人から両端に並ぶ 2 人を選ぶと $_4\mathrm{C}_2$ 通り。

その 2 人の並び方が 2! 通り。

残りの 5 人の並び方は 5! 通り。

ここの 5 人は自由に並ぶ

よって，求める場合の数は，

$$_4\mathrm{C}_2 \cdot 2! \cdot 5! = \frac{4 \cdot 3}{2 \cdot 1} \cdot 2 \cdot 1 \cdot \overset{10}{(5) \cdot 4 \cdot 3 \cdot (2) \cdot 1}$$

$$= \underline{1440 \text{（通り）}}$$

(2) 男子 4 人を 1 カタマリで見て，

$$\boxed{男\,4\,人}, 女_1, 女_2, 女_3$$

の計 4 つを並べると考えて 4! 通り。

$\boxed{男\,4\,人}$ のなかの並び方が 4! 通りなので，求める場合の数は，

$$4! \cdot 4! = 4 \cdot 3 \cdot 2 \cdot 1 \cdot 4 \cdot 3 \cdot 2 \cdot 1 = \underline{576 \text{（通り）}}$$

(3) まず，男子 4 人を 1 列に並べると 4! 通り。

その男子 4 人の「端 or スキマ」5 か所のうちの 3 か所を選ぶと $_5\mathrm{C}_3$ 通り。

選んだ 3 か所に女子 3 人を並べて 3! 通り。

よって，求める場合の数は，

$$4! \cdot {_5\mathrm{C}_3} \cdot 3! = 4 \cdot 3 \cdot 2 \cdot 1 \cdot \overset{10}{\frac{(5) \cdot 4 \cdot 3}{3 \cdot 2 \cdot 1}} \cdot 3 \cdot (2) \cdot 1$$

$$= \underline{1440 \text{（通り）}}$$

男 男 男 男
∧女∧女∧女∧

補足　$_5\mathrm{C}_3$ は，約分によって，

$$_5\mathrm{C}_3 = \frac{5 \cdot 4 \cdot \cancel{3}}{\cancel{3} \cdot 2 \cdot 1} = \frac{5 \cdot 4}{2 \cdot 1} = {_5\mathrm{C}_2}$$

と表せます。これは，5 個のなかから 3 個を選ぶことは，残す 2 個を決めることと同じだからです。一般的に，

$$_n\mathrm{C}_k = {_n\mathrm{C}_{n-k}}$$

という関係が成り立ちます。

Dan's Point

❶ 樹形図や表の活用！

❷ $_n\mathrm{P}_k$, $_n\mathrm{C}_k$ の意味を理解したうえで利用！

▶解答と解説は別冊p.39

類　題（標準 A 3分，B 3分，C 2分，D 5分，E 2分）

Ａ　6個の数字 0, 1, 2, 3, 4, 5 から異なる3個の数字を選んで3桁の整数を作る。このような3桁の整数は全部で ⬚ 通りあり，そのうち4の倍数は ⬚ 通りある。　　　　　　　　（福岡大）

Ｂ　男子 A, B, C, D, E, 女子 F, G, H の8人が横1列に並ぶ。このとき，AとBが隣り合うような並び方は ⬚ 通りあり，AとBの間にちょうど2人が並ぶような並び方は ⬚ 通りある。また，女子どうしが隣り合わないような並び方は ⬚ 通りある。　　　　（北里大）

Ｃ　男子5人，女子5人の中から，5人を選んで組を作る。このとき，男子3人と女子2人の組は ⬚ 通り，男子1人と女子4人の組は ⬚ 通り，女子が少なくとも1人は含まれる組は ⬚ 通り作ることができる。　　　　　　　　　　　　　　　　　　　　（京都産業大）

Ｄ　A, B, C, D, E, F, G, H, I の9人がいる。
⑴　4人の組と5人の組に分ける方法は，全部で ⬚ 通りある。そのうち，AとBが同じ組になるように分ける方法は ⬚ 通りあり，AとBが同じ組になり，CがA, Bとは別の組になるように分ける方法は ⬚ 通りある。
⑵　3人ずつ3つの組に分ける方法は，全部で ⬚ 通りある。　　　　　　　　　　　　　　　　　　　　　　　　　　　（佛教大）

Ｅ　1から6までの番号がそれぞれ書かれた6個の玉をA, B, Cの3つの箱に分けて入れる。空箱ができてよい場合，その分け方は ⬚ 通りであり，このうち，1つの箱だけが空となる分け方は ⬚ 通りである。したがって，1つも空箱ができないようにA, B, Cの3つの箱に玉を分ける方法は ⬚ 通りである。　　　　　　　（東京都市大）

テーマ 21 同じものを含む順列

① 同じものを含む順列

前のテーマでは「異なる」ものを並べる順列を考えたのですが、ここでは「同じ」ものを含む順列を考えます。

例1

A, A, A, B, B, C, D の7文字を1列に並べる順列を考えてみましょう。

まず、すべて区別して A_1, A_2, A_3, B_1, B_2, C, D を並べると7!通り。

この7!通りのなかで、たとえば、

$$A_1B_1DB_2A_2A_3C, \quad A_2B_1DB_2A_3A_1C, \quad A_3B_2DB_1A_1A_2C, \quad \cdots\cdots \quad は、$$

ABDBAAC の1通りと数えたいのです。この同一視できるものが何通りあるかと言うと、

A_1, A_2, A_3 の並べ方が3!通り、 B_1, B_2 の並べ方が2!通り

∴ $3! \cdot 2!$ （通り）

よって、7!通りのなかで $3! \cdot 2!$ 通りずつ同一視できるので、求める場合の数は、

$$\frac{7!}{3! \cdot 2!} = \frac{7 \cdot 6 \cdot 5 \cdot \overset{2}{\cancel{4}} \cdot \cancel{3} \cdot \cancel{2} \cdot 1}{\cancel{3} \cdot \cancel{2} \cdot 1 \cdot \cancel{2} \cdot 1} = 420 \text{（通り）}$$

となります。

この 例1 のように考えることで、一般的に、

同じものを含む順列❶

同じものを p 個、 q 個、 r 個、……含む計 n 個のものの順列は、

$$\frac{n!}{p!q!r!\cdots}\text{（通り）} \quad (p+q+r+\cdots=n)$$

となります。

また、次のように考えることもできます。

例2

同じく A, A, A, B, B, C, D を並べることを考えます。

まず、7席用意します。

7席のなかから A の 3 席を選ぶと $_7C_3$ 通り。

残りの 4 席から B の 2 席を選ぶと $_4C_2$ 通り。

残りの 2 席に C, D を並べて 2! 通り。

よって，求める場合の数は，

A				A	A

A	B	B		A	A

A	B	B	D	A	A	C

$$_7C_3 \cdot {}_4C_2 \cdot 2! = \frac{7 \cdot 6 \cdot 5}{3 \cdot 2 \cdot 1} \cdot \frac{4 \cdot 3}{2 \cdot 1} \cdot 2 \cdot 1 = 420 \text{（通り）}$$

つまり，「並べる」は「席選び」と同じと考える方法です。一般的に，

同じものを含む順列②

同じものを p 個，q 個，r 個，……含む計 n 個のものの順列は，

$$_nC_p \cdot {}_{n-p}C_q \cdot {}_{n-p-q}C_r \cdots\cdots \text{（通り）} \quad (p+q+r+\cdots=n)$$

となります。❶と❷のどちらの方法を使ってもイインです♪

例題❶

K, A, D, O, K, A, W, A の 8 文字の順列を考える。

(1) 順列の総数を求めよ。

(2) D, O, W がこの順に並ぶ順列の総数を求めよ（D, O, W が連続していなくてもよい）。

(3) 3 個の A のうちのどの 2 個も隣り合わない順列の総数を求めよ。

解説

(1) 同じ文字 K 2 個，A 3 個が含まれるから，順列の総数は，

$$\frac{8!}{2! \cdot 3!} = \frac{8 \cdot 7 \cdot 6 \cdot 5 \cdot \overset{2}{4} \cdot 3 \cdot 2 \cdot 1}{2 \cdot 1 \cdot 3 \cdot 2 \cdot 1} = \underline{3360} \text{（通り）}$$

「席選び」なら，

$$_8C_2 \cdot {}_6C_3 \cdot 3!$$

(2) K, K, A, A, A, X, X, X の順列は，

$$\frac{8!}{2! \cdot 3! \cdot 3!} = \frac{8 \cdot 7 \cdot 6 \cdot 5 \cdot \overset{2}{4} \cdot 3 \cdot 2 \cdot 1}{2 \cdot 1 \cdot 3 \cdot 2 \cdot 1 \cdot 3 \cdot 2 \cdot 1} = 560 \text{（通り）}$$

X, X, X を左から順に D, O, W に置きかえることで
題意の順列が作れるから，求める場合の数は $\underline{560}$（通り）。

AXAKKXXA
↓
ADAKKOWA

(3) まず，K, K, D, O, W を並べると $\dfrac{5!}{2!}$ 通り。

「端 or スキマ」の 6 か所から 3 個の A を入れる 3 か所を選んで $_6C_3$ 通り。

よって，求める場合の数は，

$$\frac{5!}{2!} \cdot {}_6C_3 = \frac{5 \cdot 4 \cdot 3 \cdot 2 \cdot 1}{2 \cdot 1} \cdot \frac{6 \cdot 5 \cdot 4}{3 \cdot 2 \cdot 1} = \underline{1200} \text{（通り）}$$

$$\underset{A}{\wedge} O \underset{A}{\wedge} K \underset{}{\wedge} D \underset{}{\wedge} W \underset{}{\wedge} K \underset{A}{\wedge}$$

② 最短経路問題 -

次の **例3** のような「最短経路」の総数を求めたいときに，同じものを含む順列の考え方が利用できます。

例3

右図のような格子状の道があるとき，AからBまでの最短経路(つまり，右か上にしか進まない経路)を考えてみましょう。

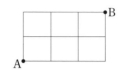

各交差点から，

　　右に進むことを x，上に進むことを y

とすると，下図のように経路と順列が対応します。

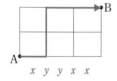　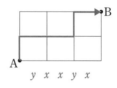　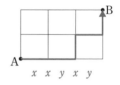

つまり，3個の x と2個の y の順列と同じ数だけ最短経路が存在するので，経路の総数は，

$$\frac{5!}{3! \cdot 2!} = \frac{5 \cdot \overset{2}{4} \cdot 3 \cdot 2 \cdot 1}{3 \cdot 2 \cdot 1 \cdot 2 \cdot 1} = 10 \text{（通り）}$$

◀ 「席選び」なら $_5C_2$

例題❷

右図のような格子状の道をAからBまで進む最短経路を考える。

(1) 経路の総数を求めよ。

(2) 点Pを通る経路の総数を求めよ。

(3) 点Pを通らない経路の総数を求めよ。

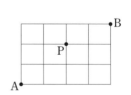

解説

(1) 最短経路は，x, x, x, x, y, y, y の順列に対応するから，

$$\frac{7!}{4! \cdot 3!} = \frac{7 \cdot 6 \cdot 5 \cdot 4 \cdot 3 \cdot 2 \cdot 1}{4 \cdot 3 \cdot 2 \cdot 1 \cdot 3 \cdot 2 \cdot 1} = \underline{35} \text{（通り）}$$

(2) AからPまでの最短経路は，x, x, y, y の順列に対応するから，

$$\frac{4!}{2! \cdot 2!} = \frac{4 \cdot 3 \cdot 2 \cdot 1}{2 \cdot 1 \cdot 2 \cdot 1} = 6 \text{（通り）}$$

P から B までの最短経路は，x, x, y の順列に対応するから，

$$\frac{3!}{2!} = 3 \text{（通り）}$$

よって，点 P を通る最短経路は，

$$6 \cdot 3 = \underline{18 \text{（通り）}}$$

(3) 点 P を通らない最短経路の総数は，

（最短経路の総数）－（点 P を通る最短経路の総数）

$$= 35 - 18$$

$$= \underline{17 \text{（通り）}}$$

Dan's Point

同じものを含む順列は，

❶ あとで区別をなくす ❷ 席選び

の 2 通りの方法で計算できる（筆者は❷を使うことが多い）！

▶解答と解説は別冊 p.42

類 題（ 標準 A 10分， B 5分， C 2分 ）

Ａ a, a, a, a, b, b, b, c, c, d の 10 文字を 1 列に並べる順列を考える。

(1) このような順列の総数を求めよ。

(2) 2 つの c が隣り合うような順列の総数を求めよ。

(3) c と d が隣り合わないような順列の総数を求めよ。 （信州大）

Ｂ 右の街路図で，A から B まで行く最短経路は ⬚ 通りあり，そのうち C も D も通る最短経路は ⬚ 通り，C も D も通らない最短経路は ⬚ 通りある。

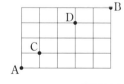

（摂南大）

Ｃ D, E, N, D, A, I の文字を 1 つずつ書いた合計 6 個の玉を円形に並べる並べ方は何通りあるか。 （東京電機大）

確率の原則

① 確率の原則 — — — — — — — — — — — — — — — —

「場合の数」と「確率」では，根本的な考え方が異なります。

例1

1個の赤球と99個の白球が入っている袋から1個を取り出すとき，結果は，

    ❶ 赤球を取り出す   **❷** 白球を取り出す

の2通りが考えられます。「場合の数」としては2通りが答えです。

  ということは，赤球を取り出す「確率」は $\dfrac{1}{2}$ でしょうか？

  この **例1** は，等確率ではないものを比べているから変なことになっているのです。「場合の数」では，その結果が等確率かどうかは考えていません。どんなに起こりやすい結果も，ほとんど起こりえない奇跡的な結果も同じ1通りと数えています。

  ここで，確率を考えるときの大原則があります。

> ┌ 確率の原則 ─────
>   確率を考えるときには，すべてのモノを区別する！

  上の **例1** では，99個の白球に番号 1〜99 をつけて区別します。そうすれば，取り出し方は全部で100通りであり，そのなかで赤球の取り出し方は1通り。

  よって，赤球を取り出す確率は $\dfrac{1}{100}$ という正しい結果を得られます。

  あくまでも原則なので，例外はあります。つまり，区別しないほうが簡単に解ける問題もあります。ようは，等確率で起こるように設定すればイイのです。でも，まずは，この原則どおりに考えるようにしてみてください。

  このような点に注意したうえで，ある試行にたいして，等確率で起こる（同様に確からしい）事象を数えるとき，

$$(\text{確率}) = \frac{(\text{該当する場合の数})}{(\text{全事象の場合の数})}$$

> 「何をするか」という行動のことを**試行**と言い，「何が起こるか」という結果のことを**事象**と言います

と定義されます。

例題 ❶

区別のできない 2 個のサイコロを投げるとき，目の和が 5 の倍数になる確率を求めよ。

解説

2 個のサイコロを区別して A，B とすると，

問題文にどう書いてあろうと「確率」なので区別します！

目の出方は全部で 6・6＝36（通り）。

目の和が 5 の倍数(5 または 10)になるのは，

右表を数えて 4＋3＝7（通り）。

よって，求める確率は，

$$\frac{7}{36}$$

(2 個のサイコロの目の和)

A\B	1	2	3	4	5	6
1	2	3	4	5	6	7
2	3	4	5	6	7	8
3	4	5	6	7	8	9
4	5	6	7	8	9	10
5	6	7	8	9	10	11
6	7	8	9	10	11	12

例題 ❷

袋の中に赤球 3 個，白球 3 個，青球 4 個の合わせて 10 個の球が入っている。このなかから同時に 3 個の球を取り出すとき，3 個の球の色がすべて同じになる確率を求めよ。

解説

すべての球を区別して考えると，3 個の球の取り出し方は全部で，

R_1, R_2, R_3, W_1, W_2, W_3, B_1, B_2, B_3, B_4

$$_{10}C_3 = \frac{10 \cdot \overset{3}{\cancel{9}} \cdot \overset{4}{\cancel{8}}}{\cancel{3} \cdot \cancel{2} \cdot 1} = 10 \cdot 3 \cdot 4 \text{（通り）}$$

あとで約分できるかもしれないから，この段階ではこのままでイイ！

このなかで，3 個の球の色がすべて同じになるものには，

❶ 3 個とも赤　　❷ 3 個とも白　　❸ 3 個とも青

の 3 パターンがあるので，

$$_3C_3 + _3C_3 + _4C_3 = 1 + 1 + 4 = 6 \text{（通り）}$$

よって，求める確率は，

$$\frac{6}{10 \cdot 3 \cdot 4} = \frac{1}{20}$$

❷ 条件付き確率

集合 X の要素の個数を $n(X)$ で表すことにします。

全事象を U とするとき，事象 A の起こる確率 $P(A)$ は，

$$P(A) = \frac{n(A)}{n(U)}$$

と書けますね。これは全体 U にたいする A の割合を表したものです。

これにたいし，事象 A が起きたときに事象 B が起こる確率を条件付き確率と言い，$P_A(B)$ と書きます。これは A を全体と見たときの $A \cap B$ の割合によって表されます。つまり，

$$P_A(B) = \frac{n(A \cap B)}{n(A)}$$

であり，さらに分母と分子をそれぞれ $n(U)$ で割ることで，

$$P_A(B) = \frac{\dfrac{n(A \cap B)}{n(U)}}{\dfrac{n(A)}{n(U)}} = \frac{P(A \cap B)}{P(A)}$$

という関係式が成り立ちます。

> ┌─ 条件付き確率 ─
> $$P_A(B) = \frac{n(A \cap B)}{n(A)} = \frac{P(A \cap B)}{P(A)}$$

筆者は「条件付き確率」という名前は少しセンスが悪いと思っています。上の図のように，集合 A のなかに「制限」して考える確率なので「制限付き確率」という名前のほうがわかりやすい気がします。

例2

男子 3 人 (A，B，C)，女子 2 人 (a，b) のなかから 1 人のリーダーを選ぶとき，女子 a さんが選ばれる確率は $\dfrac{1}{5}$ ですね。

しかし，「1 人の女子リーダーを選ぶ」となると，対象が女子だけに「制限」されるので，女子 a さんが選ばれる確率は $\dfrac{1}{2}$ になります。

例3

硬貨 2 枚を同時に投げ，少なくとも 1 枚は表であるとき 2 枚とも表である確率は右の表から $\dfrac{1}{3}$ とわかります。全事象は 4 通りですが，そのことは重要ではありません。

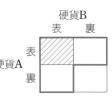

例題 ❸

　ある製品を製造する 2 つの工場 A，B があり，A 工場の製品には 3%，B 工場の製品には 4%の割合で不良品が含まれる。A 工場の製品と B 工場の製品を 3：2 の割合で混ぜた大量の製品の中から 1 個取り出す。

　それが不良品であったときに，それが A 工場の製品である確率を求めよ。

解 説

　A 工場で 300 個，B 工場で 200 個の製品を作ると考える。このとき，不良品は，

$$A 工場：300 \cdot \frac{3}{100} = 9（個）$$

$$B 工場：200 \cdot \frac{4}{100} = 8（個）$$

よって，求める確率は，不良品という制限のなかの A 工場の製品の割合だから，

$$\frac{（A 工場の不良品の個数）}{（不良品の個数）} = \frac{9}{9+8} = \frac{9}{17}$$

> 「確率」は「割合」なので，全事象が何個であってもかまいません

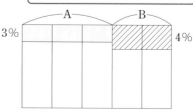

Dan's Point

❶ **確率を考えるときは，** すべてのモノを区別する！

❷ **条件付き確率は「制限」付き確率と考える。**

類　題 （標準　A 3 分，B 12 分，C 5 分）

▶解答と解説は別冊 p.44

A　2 個のサイコロを投げるとき，目の和が 3 の倍数になる確率を求めよ。また，目の和が 3 の倍数になるとき，少なくとも一方の目が偶数である条件付き確率を求めよ。

B　a, a, a, a, o, o, y, y, m の 9 個の文字がある。このなかから 6 個を続けて選んで，選んだ順に左から並べる。

(1)　a, o, y, a, m, a と並ぶ確率は ☐ である。

(2)　選んだ文字が 2 種類である確率は ☐ ，3 種類である確率は ☐ ，4 種類である確率は ☐ である。　　　　　（青山学院大）

C　1 から 5 までの番号をつけた 5 枚の札の組が 2 つある。これら 10 枚の札をよく混ぜ合わせて，札を 1 枚ずつ 3 回取り出し，取り出した順にその番号を X_1, X_2, X_3 とする。$X_1 < X_2 < X_3$ となる確率を求めよ。ただし一度取り出した札はもとに戻さないものとする。　　　（京都大〈改〉）

反復試行の確率

1 独立試行

2つ以上の試行の結果が互いに影響しないとき，独立であると言います。

独立な試行 T_1，T_2 において，試行 T_1 で事象 A が起こり，かつ，試行 T_2 で事象 B が起こる確率 $P(A \cap B)$ は，それぞれの確率をかけて，

$$P(A \cap B) = P(A)P(B)$$

で求められます。

例1 右手でサイコロを投げて，左手でコインを投げるとき，これらの試行は独立です。

> サイコロで1の目が出ると，コインの表が出やすいなんてことはありません

サイコロで3の目が出て，かつ，コインの表が出る確率は，

$$\frac{1}{6} \cdot \frac{1}{2} = \frac{1}{12}$$

です。

	1	2	3	4	5	6
表						
裏						

例題 ❶

箱Aには3個の赤球と2個の白球が，箱Bには5個の赤球と5個の白球が入っている。箱Aから2個の球を，箱Bからも2個の球を取り出すとき，赤球の個数の合計が2個となる確率を求めよ。

解説

箱Aから2個の球を取り出す全事象は $_5C_2 = 10$（通り）である。

箱Aから赤球を k 個取り出す確率 a_k は次のとおり。

$$a_2 = \frac{_3C_2}{10} = \frac{3}{10} \qquad a_1 = \frac{_3C_1 \cdot _2C_1}{10} = \frac{6}{10} \qquad a_0 = \frac{_2C_2}{10} = \frac{1}{10}$$

箱Bから2個の球を取り出す全事象は $_{10}C_2 = 45$（通り）である。

箱Bから赤球を k 個取り出す確率 b_k は次のとおり。

$$b_2 = \frac{_5C_2}{45} = \frac{2}{9} \qquad b_1 = \frac{_5C_1 \cdot _5C_1}{45} = \frac{5}{9} \qquad b_0 = \frac{_5C_2}{45} = \frac{2}{9}$$

箱Aから球を取り出すことと，箱Bから球を取り出すことは互いに独立なので，求める確率は，

$$a_2 b_0 + a_1 b_1 + a_0 b_2 = \frac{6}{90} + \frac{30}{90} + \frac{2}{90} = \underline{\underline{\frac{19}{45}}}$$

❷ 反復試行の確率 ----------------------------

　サイコロを 5 回連続で投げたり，コインを 3 回連続で投げたりするような，n 回目の結果が $n+1$ 回目に影響しない試行のくり返しを反復試行と言います。

例2

　サイコロを 1 回投げるとき，次の事象を A，B，C とします。
　　　　事象 A：1 の目が出る
　　　　事象 B：偶数の目が出る
　　　　事象 C：3 または 5 の目が出る
　サイコロを 5 回投げるとき，事象が $AABBC$ の順で起こる確率は，それぞれの確率を順にかけて，

$$\frac{1}{6} \cdot \frac{1}{6} \cdot \frac{3}{6} \cdot \frac{3}{6} \cdot \frac{2}{6} = \frac{1}{432}$$

です。
　では，サイコロを 5 回投げるとき，A が 2 回，B が 2 回，C が 1 回起こる確率はいくらでしょうか？
　これは，

　　　　$AABBC$，$ABBCA$，$CBAAB$，$BCAAB$，……

など，複数の場合が考えられますが，どの順番であっても確率は等しく $\dfrac{1}{432}$ ですね。
　たとえば，貯金箱に 500 円玉だけを入れ続けて，ある日合計金額を求めようとしたら，$500+500+500+$……とは計算しないでしょう。全部が等しい金額とわかっているのだから，枚数を数えて，$500 \times$（枚数）とするのではないでしょうか？
　この（枚数）にあたるのが，A，A，B，B，C の順列の総数です。
　したがって，A，A，B，B，C の順列の総数 ${}_5C_2 \cdot {}_3C_2 = 30$ をかけることで，求める確率は，

$$30 \cdot \frac{1}{432} = \frac{5}{72}$$

となります。

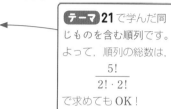

テーマ **21** で学んだ同じものを含む順列です。よって，順列の総数は，
$$\frac{5!}{2! \cdot 2!}$$
で求めても OK！

つまり，一般的に反復試行の確率は，

$$（順列の総数）×（1つの順列の確率）$$

で求められます。

例題 ❷

1回のゲームにつき，確率 $\frac{1}{3}$ でA君が勝ち，確率 $\frac{2}{3}$ でB君が勝つ。
このゲームを5回くり返すとき，次の問いに答えよ。
(1) A君がちょうど3勝する確率を求めよ。
(2) 5回目のゲームで，A君がちょうど3勝目をあげる確率を求めよ。

解 説

(1) A，A，A，B，Bの順列は $_5C_3$ 通りなので，求める確率は，

$$_5C_3\left(\frac{1}{3}\right)^3\left(\frac{2}{3}\right)^2 = \frac{5\cdot4}{2\cdot1}\cdot\frac{2\cdot2}{3\cdot3\cdot3\cdot3\cdot3}$$

$\frac{5!}{3!\cdot2!}$ でもOK

$$= \frac{40}{243}$$

(2) A，A，A，B，Bの順列のうち，■■■■Aとなる順列は，2個のAと2個の
Bを並べて $_4C_2$ 通りなので，求める確率は，

$$_4C_2\left(\frac{1}{3}\right)^3\left(\frac{2}{3}\right)^2 = \frac{4\cdot3}{2\cdot1}\cdot\frac{2\cdot2}{3\cdot3\cdot3\cdot3\cdot3}$$

$\frac{4!}{2!\cdot2!}$ でもOK

$$= \frac{8}{81}$$

例題 ❸

x 軸上の点Pは，時刻0に $x=0$ から出発し，1秒ごとに $+1$ または -1
だけそれぞれ確率 $\frac{1}{2}$ で移動する。このとき，点Pが5秒後に $x=1$ にあ
る確率を求めよ。

（立教大）

解 説

点Pが5秒後に $x=1$ にあるのは，$+1$ の移動を3回，-1 の移動を2回行なうと
きである。

$+1$，$+1$，$+1$，-1，-1 の順列は $_5C_3$ 通りなので，求める確率は，

$$_5C_3 \cdot \left(\frac{1}{2}\right)^5 = \frac{5 \cdot \cancel{4}}{\cancel{2} \cdot 1} \cdot \frac{1}{\cancel{2} \cdot 2 \cdot 2 \cdot 2 \cdot 2}$$

$\dfrac{5!}{3! \cdot 2!}$ でもOK $\quad = \dfrac{5}{16}$

Dan's Point

❶ 結果が互いに影響しない試行どうしでは，確率のかけ算ができる！

❷ 反復試行の確率は，順列の総数を考える！

▶解答と解説は別冊p.47

── 類　題（**標準** ▲ 3分，B 5分，C 8分）──

A 白玉3個，赤玉1個，黒玉4個が入った袋から玉を1個取り出し，色を確かめてから袋に戻す。この試行を3回くり返す。ただし，黒玉を取り出したときは，試行をくり返さず終了する。試行が3回まで行われる確率は □ で，白玉をちょうど2回取り出す確率は □ である。
(大阪工業大)

B サイコロを5回振るとき，初めの4回においては6の目が偶数回出て，しかも最後の2回においては6の目がちょうど1回出る確率を求めよ。ただし，6の目が一度も出ない場合も6の目が出る回数を偶数回とみなす。
(千葉大)

C 金貨と銀貨が1枚ずつある。これらを同時に1回投げる試行を行なったとき，金貨が裏ならば0点，金貨が表で銀貨が裏ならば1点，金貨が表で銀貨も表ならば2点が与えられるとする。この試行を5回くり返したあとに得られる点数をXとする。

(1)　$X=1$ となる確率を求めよ。

(2)　$X=3$ となる確率を求めよ。
(慶應義塾大)

第 **6** 章

整数の性質

テーマ **24** 〜 テーマ **28**

24 素因数分解

① 素因数分解 -

まず，言葉の確認です。

整数 a で整数 b が割り切れるとき，

a は b の約数である，b は a の倍数である

と言います。

たとえば，$10=2 \cdot 5$ なので，

2 は 10 の約数，5 は 10 の約数，10 は 2 の倍数，10 は 5 の倍数

などと言います。

次に，素数の定義を示します。

> ┌ 定　義 ─────────────────────
>
> 　素数：2 以上の自然数 p で，1 と p のほかに正の約数をもたないもの
>

具体的には，

2，3，5，7，11，13，17，19，23，29，31，……

などです（ちなみに，素数は無数にあるのですが，証明は割愛します）。

そして，1 でも素数でもない自然数（正の整数）を合成数と言います。つまり，自然数は次の 3 つに分類されます。

$$\begin{cases} 1 & \text{：正の約数は 1 の 1 個} \\ 素数 & \text{：正の約数がちょうど 2 個} \\ 合成数 & \text{：正の約数が 3 個以上} \end{cases}$$

ある自然数を素数（の累乗）の積で表すことを素因数分解と言います。

例1

72 を素因数分解することを考えてみましょう。

まず，素数にはこだわらずに，72 を 2 つの数の積で表すことを考えます。

たとえば，

$72 = 8 \cdot 9$

としておいて，$8 = 2^3$，$9 = 3^2$ に気づければ，

$72 = 2^3 \cdot 3^2$

と，右のような筆算（？）より速く素因数分解できます。

```
2) 72
2) 36
2) 18
3)  9
    3
```

例題 ❶

次の数を素因数分解せよ。

(1) 96 　　　　(2) 630 　　　　(3) 1128

解 説

(1) 9 も 6 も 3 の倍数だから，96 は 3 の倍数。したがって，
$$96 = 3 \cdot 32 = \underline{2^5 \cdot 3}$$

(2) とりあえず，$63 \cdot 10$ と表せて，$7 \cdot 9 = 63$ だから，
$$630 = 7 \cdot 9 \cdot 10 = \underline{2 \cdot 3^2 \cdot 5 \cdot 7}$$

(3) 下 2 桁が 4 の倍数だから，1128 は 4 の倍数。したがって，
$$1128 = 1000 + 100 + 28 = 4(250 + 25 + 7)$$
$$= 4 \cdot 282 = 4 \cdot 2 \cdot 141 = 2^3 \cdot 141$$

さらに，$1 + 4 + 1 = 6$ が 3 の倍数だから，141 は 3 の倍数。ゆえに，
$$= \underline{2^3 \cdot 3 \cdot 47}$$

 次の**倍数の判定方法**は知っておくべきでしょう。

2 の倍数：一の位が 0 か 2 の倍数

3 の倍数：各位の数字の和が 3 の倍数

4 の倍数：下 2 桁が 4 の倍数

5 の倍数：一の位が 0 か 5

9 の倍数：各位の数字の和が 9 の倍数

❷ 約数の個数と総和 ----------------------------------

たとえば，12 を素因数分解すると $12 = 2^2 \cdot 3$ なので，12 の正の約数は $2^x \cdot 3^y$ という形で表せることがわかります。

ただし，x は 0，1，2 を，y は 0，1 をとります。

よって，右の表のように，12 の正の約数の個数は，

$$3 \cdot 2 = 6 \text{（個）}$$

であることがわかります。

	2^0	2^1	2^2
3^0	1	2	4
3^1	3	6	12

0 以外の実数の 0 乗は必ず 1 です

また，右表に出てくる約数はすべて，

$$(2^0 + 2^1 + 2^2)(3^0 + 3^1)$$

を展開したときに項として現れるので，12 の正の約数の総和は，

$$(2^0 + 2^1 + 2^2)(3^0 + 3^1) = (1 + 2 + 4)(1 + 3) = 28$$

です。

したがって，一般的に次の公式が成り立ちます。

公　式

自然数 n を素因数分解して $n=p^x \cdot q^y \cdot r^z \cdot \cdots\cdots$ となるとき，

n の正の約数の個数は，

$$(x+1)(y+1)(z+1)\cdots\cdots$$

n の正の約数の総和は，

$$(p^0+p^1+\cdots+p^x)(q^0+q^1+\cdots+q^y)(r^0+r^1+\cdots+r^z)\cdots\cdots$$

例　題 ❷

次の数の正の約数の個数と，その総和を求めよ。

(1)　144　　　　　(2)　180

解　説

(1)　素因数分解すると $144=2^4 \cdot 3^2$ だから，正の約数の個数は，

$$5 \cdot 3 = \underline{15}（個）$$

また，正の約数の総和は，

$$(2^0+2^1+2^2+2^3+2^4)(3^0+3^1+3^2)$$
$$=(1+2+4+8+16)(1+3+9)$$
$$=31 \cdot 13$$
$$=\underline{\underline{403}}$$

(2)　素因数分解すると $180=2^2 \cdot 3^2 \cdot 5$ だから，正の約数の個数は，

$$3 \cdot 3 \cdot 2 = \underline{18}（個）$$

また，正の約数の総和は，

$$(2^0+2^1+2^2)(3^0+3^1+3^2)(5^0+5^1)$$
$$=(1+2+4)(1+3+9)(1+5)$$
$$=7 \cdot 13 \cdot 6$$
$$=\underline{\underline{546}}$$

❸　最大公約数と最小公倍数 --------------------------------

2つ以上の自然数を素因数分解すると，それらの最大公約数や最小公倍数が求められます。

最大公約数：共通の約数（公約数）のなかで最大のもの

最小公倍数：共通の倍数（公倍数）のなかで正で最小のもの

例2

168 と 252 をそれぞれ素因数分解すると,
$$168=2^3 \cdot 3 \cdot 7, \quad 252=2^2 \cdot 3^2 \cdot 7$$
なので,

最大公約数　$2^2 \cdot 3 \cdot 7=84$

最小公倍数　$2^3 \cdot 3^2 \cdot 7=504$

共通のものを全部かけると
最大公約数

168	2	2	2	3		7
252	2	2		3	3	7

空白部を埋めたものが
最小公倍数

── **例題 ❸** ──────────────

次の数の最大公約数と最小公倍数を求めよ。

(1)　175, 363　　　　(2)　72, 90, 225

解 説

(1)　素因数分解すると,
$$175=5 \cdot 5 \cdot 7, \quad 363=3 \cdot 11 \cdot 11$$
なので,

最大公約数　$\underline{1}$

最小公倍数　$3 \cdot 5^2 \cdot 7 \cdot 11^2=\underline{\underline{63525}}$

> 2 つの整数の最大公約数が 1 で
> あることを互いに素と言います

(2)　素因数分解すると,
$$72=2 \cdot 2 \cdot 2 \cdot \underset{\sim}{3} \cdot \underset{\sim}{3}, \quad 90=2 \cdot \underset{\sim}{3} \cdot \underset{\sim}{3} \cdot 5, \quad 225=\underset{\sim}{3} \cdot \underset{\sim}{3} \cdot 5 \cdot 5$$
なので,

最大公約数　$3 \cdot 3=\underline{9}$　　　最小公倍数 $2 \cdot 2 \cdot 2 \cdot 3 \cdot 3 \cdot 5 \cdot 5=\underline{\underline{1800}}$

Dan's Point

素因数分解するときは, まずは素数にこだわらずに, 大ざっぱに分解！

▶解答と解説は別冊p.49

── **類　題**（ **標準** A 3 分, B 3 分, C 4 分 ）──────

A　1188 の正の約数は全部で ☐ 個ある。これらのうち, 2 の倍数は
☐ 個, 4 の倍数は ☐ 個ある。　　　　　　　　　（センター試験）

B　正の整数 a, b　$(a < b)$ の最大公約数が 8 であり, $a+b=40$ である
とき, a と b の値を求めよ。　　　　　　　　　　（金沢工業大）

C　$\sqrt{m+1}=2017$ を満たす自然数 m の最大の素因数は ☐ であり,
m の正の約数の個数は ☐ 個である。　　　　　　（近畿大）

ユークリッドの互除法

ユークリッドの互除法

前の テーマ 24 で学習したとおり，2つの整数を「素因数分解できれば」その2つの整数の最大公約数を簡単に見つけられます。しかし，大きい数になればなるほど素因数分解が難しくなります。

そこで役立つのがユークリッドの互除法です。

たとえば，

$$5k = 5l + \blacksquare \quad (k, \ l, \ \blacksquare \text{はすべて整数})$$

という式が成り立っているとき，この $\blacksquare$ に当てはまる整数が5の倍数であることは感覚的にもわかりますよね。これを一般的に表して，

> **公約数の性質**
>
> 整数 a, b, q, r について，
> $$a = bq + r$$
> という等式が成り立つとき，
> $$(a \text{ と } b \text{の最大公約数}) = (b \text{ と } r \text{の最大公約数})$$

が成り立ちます。

上記の例のように，感覚的には，

a と b がともに最大公約数 g で割り切れるなら，r も g で割り切れる

ということを言っているだけです（厳密な証明は，本書では割愛します）。

以下，本書では「x と y の最大公約数」を $G(x, y)$ という記号で表すことにします。

例

3069 と 1001 の最大公約数を求めてみましょう。

まず，$3069 = \underset{3003}{\underline{1001 \cdot 3}} + 66$ が成り立つので，

$$G(3069, \ 1001) = G(1001, \ 66)$$

次に，$1001 = \underset{990}{\underline{66 \cdot 15}} + 11$ が成り立つので，

$$G(1001, \ 66) = G(66, \ 11)$$

そして，$66 = 11 \cdot 6$ だから $G(66, \ 11) = 11$ です。つまり，

> この等式を作るときの基本は
> **割り算（除法）**です
> 3069 を 1001 で割って，商が
> 3 で余りが 66 となるので，
> この等式が成り立ちます

$$G(3069, \ 1001) = G(1001, \ 66) = G(66, \ 11) = 11$$

となり，3069 と 1001 の最大公約数が 11 と求められます。

このような，最大公約数を求める流れ全体がユークリッドの互除法です。

例　題

399 と 1083 の最大公約数 g を求めよ。また，399 と 1083 を素因数分解せよ。

解　説

まず，$1083 = 399 \cdot 3 - 114$　……①　が成り立つので，

$$G(1083, \ 399) = G(399, \ 114)$$

> ①のように「−」があっても問題ありません

次に，$399 = 114 \cdot 3 + 57$　……②　が成り立つので，

$$G(399, \ 114) = G(114, \ 57)$$

そして，$114 = 57 \cdot 2$　……③　なので，

$$g = G(1083, \ 399) = G(399, \ 114) = G(114, \ 57) = \underline{57}$$

このとき，$57 = 3 \cdot 19$ と③から $114 = 2g$ なので，②から，

$$399 = 2g \cdot 3 + g = 7g = 7 \cdot 57 = \underline{\underline{3 \cdot 7 \cdot 19}}$$

①から，

$$1083 = 7g \cdot 3 - 2g = 19g = 19 \cdot 57 = \underline{\underline{3 \cdot 19^2}}$$

> ①〜③を逆にたどることで，もとの数を g で表せます

Dan's Point

最大公約数を求めたいけれど素因数分解が難しいときは，
ユークリッドの互除法！

類　題（ 基礎 　A 5分，B 3分，C 3分 ）

▶解答と解説は別冊p.51

A 次の 2 つの整数の最大公約数を求めよ。また，それぞれの整数を素因数分解せよ。

(1)　884, 323　　　　(2)　8177, 3315

B 3793 と 367 は互いに素であることを示せ。

C $\dfrac{4807}{19343}$ を既約分数で表せ。

第6章　整数の性質

1 余りの計算 ------------------------------

まず，高校数学において，「割り算」は割ることではないということを認識してください。では，何なのかと言うと，

a を b で割ったときの商が q，余りが r

$\iff \quad a = bq + r \quad (0 \le r < b)$

という同値変形，つまり等式を作ることが割り算であると考えます。

たとえば，「14 を 3 で割ると商が 4 で余りが 2」というのは，

$14 = 3 \cdot 4 + 2$

という等式を考えます。

例1

「自然数 n を 3 で割ると 1 余る」と言われて，

$$\frac{n}{3} \text{ あまり } 1$$

と書いてはダメです。あくまでも等式を作ること，つまり，

$n = 3k + 1 \quad (k : 0 \text{ 以上の整数})$

と書くことを意味します。ちなみに，これは，

$n = 3k - 2 \quad (k : 自然数)$

と書いても同じことです。

> どちらも
>   1，4，7，……
> という数を表しています

─ 例題 ❶ ─

整数 a を 5 で割ると 2 余り，整数 b を 5 で割ると 4 余る。このとき，次の整数を 5 で割った余りを求めよ。

(1) $a + 2b$ (2) $a - 4b$ (3) ab

解説

整数 a，b は，

$a = 5A + 2, \quad b = 5B + 4 \quad (A, B : 整数)$

とおける。

> $5B - 1$ とおいても OK♪

(1) $a + 2b = (5A + 2) + 2(5B + 4)$

$$=5A+5\cdot2B+10$$
$$=5(A+2B+2)$$

よって，$a+2b$ を 5 で割った余りは $\underline{\underline{0}}$ である。

(2) $a-4b=(5A+2)-4(5B+4)$
$$=5A-5\cdot4B-14$$
$$=5A-5\cdot4B-15+1$$
$$=5(A-4B-3)+1$$

> 「余りが -14」は NG！
> 5 で割った余りは，
>   0, 1, 2, 3, 4
> の 5 種類だけです

よって，$a-4b$ を 5 で割った余りは $\underline{\underline{1}}$ である。

(3) $ab=(5A+2)(5B+4)$
$$=5\cdot5AB+5\cdot4A+5\cdot2B+8$$
$$=5\cdot5AB+5\cdot4A+5\cdot2B+5+3$$
$$=5(5AB+4A+2B+1)+3$$

よって，ab を 5 で割った余りは $\underline{\underline{3}}$ である。

 それぞれの計算を a, b の「余りだけ取り出して」みると，

(1) $2+2\cdot4=10=5\cdot2+0$

(2) $2-4\cdot4=-14=5\cdot(-3)+1$

(3) $2\cdot4=8=5\cdot1+3$

となり，上記の解答と同じ値が得られます。

結局のところ，

   和・差・積の余りは，余りだけ取り出して計算すればイイ

ということが言えます。

この考え方を使うのが，次の合同式です。

「x と y は，m で割った余りが等しい」ということを，

$$x \equiv y(\bmod m)$$

と書きます。これを使うと，この **例題❶** は，

$$a \equiv 2(\bmod 5),\quad b \equiv 4(\bmod 5)\quad\text{から，}$$
$$a+2b \equiv 2+2\cdot4=10 \equiv 0(\bmod 5)$$

などと簡略的に書くことができます。

このように，合同式は正しく使えばとても便利な記号ではありますが，あくまでも簡略化しているだけであり，考え方自体はこの **解説** のとおりです。ですから，まずは考え方を身につけるためにも，きちんと等式を作って計算することを練習してみてください。

第6章

整数の性質

❷ 余りによる分類 -

すべての整数にたいして成り立つ性質を考えるとき，すべての整数を本当に調べるのは不可能ですね。そこで，余りによる分類という考え方が役立ちます。

例2

すべての整数 n は，

$$n=3k, \ 3k+1, \ 3k+2 \quad (k：整数)$$

のいずれかで表される（3で割った余りは 0，1，2 のいずれかです）ので，

$$n^2=9k^2, \ 9k^2+6k+1, \ 9k^2+12k+4$$
$$=3 \cdot 3k^2, \ 3(3k^2+2k)+1, \ 3(3k^2+4k+1)+1$$

と表せ，どんな整数 n であっても，n^2 を 3 で割った余りは 0 または 1 であると言えます。余りが 2 になることはないのですね。

このように，たとえば 3 パターン調べるだけですべての整数を調べたことにできるのが余りによる分類という考え方なのです。

例題 ❷

n を整数とするとき，次のことを証明せよ。

(1) $2n^3+3n^2+n$ は 3 の倍数である。

(2) n^2 を 5 で割った余りが 2 または 3 になることはない。

解説

(1) まず，$2n^3+3n^2+n$ を因数分解すると，

$$2n^3+3n^2+n=n(2n^2+3n+1)=n(n+1)(2n+1)$$

整数 n を 3 で割った余りで分類して，

$$n=3k, \ 3k+1, \ 3k+2 \quad (k：整数)$$

とおく。

(i) $n=3k$ の場合

n が 3 の倍数だから，$n(n+1)(2n+1)$ は 3 の倍数である。

(ii) $n=3k+1$ の場合

$2n+1=2(3k+1)+1=3(2k+1)$ が 3 の倍数だから，$n(n+1)(2n+1)$ は 3 の倍数である。

(iii) $n=3k+2$ の場合

$n+1=(3k+2)+1=3(k+1)$ が 3 の倍数だから，$n(n+1)(2n+1)$ は 3 の倍数である。

以上から，すべての整数 n にたいして，$2n^3+3n^2+n$ は 3 の倍数である。

（証明終）

(2) 整数 n を 5 で割った余りで分類して，
$$n=5k-2,\ 5k-1,\ 5k,\ 5k+1,\ 5k+2\quad(k：整数)$$
とおく。

> 順に，余りが，
> 3，4，0，1，2
> ということです

(ⅰ) $n=5k-2$ の場合
$$n^2=25k^2-20k+4=5(5k^2-4k)+4$$

(ⅱ) $n=5k-1$ の場合
$$n^2=25k^2-10k+1=5(5k^2-2k)+1$$

(ⅲ) $n=5k$ の場合
$$n^2=25k^2=5\cdot5k^2$$

(ⅳ) $n=5k+1$ の場合
$$n^2=25k^2+10k+1=5(5k^2+2k)+1$$

(ⅴ) $n=5k+2$ の場合
$$n^2=25k^2+20k+4=5(5k^2+4k)+4$$

以上から，すべての整数 n にたいして，n^2 を 5 で割った余りは 0，1，4 のいずれかである。つまり，余りが 2 または 3 になることはない。

（証明終）

Dan's Point

❶ 割り算とは等式を作ること！

❷ すべての整数は，余りで分類して調べる！

類 題（標準 **A** 5分，**B** 6分，**C** 10分）

▶解答と解説は別冊p.53

A 正の整数 x で 109 を割ると 13 余り，81 を割ると 9 余る。このとき，x の値は □ である。

（立教大）

B 自然数 a を 7 で割った余りを $R(a)$ と書くことにする。

(1) すべての自然数 n にたいして $R(2^{n+3})=R(2^n)$ となることを示せ。

(2) $R(2^{2017})$ を求めよ。

（岡山大）

C x を整数とするとき，x^5-x は 30 の倍数であることを示せ。

（熊本大）

27 不定方程式

① 1次不定方程式 ------------------------------

たとえば，$y=3x$ を満たす実数の組 $\begin{pmatrix} x \\ y \end{pmatrix}$ は，

$$\begin{pmatrix} x \\ y \end{pmatrix} = \begin{pmatrix} 0 \\ 0 \end{pmatrix}, \begin{pmatrix} -1 \\ -3 \end{pmatrix}, \begin{pmatrix} \sqrt{2} \\ 3\sqrt{2} \end{pmatrix}, \begin{pmatrix} \dfrac{5}{3} \\ 5 \end{pmatrix}, \cdots\cdots$$

などと無数にありますが，自然数の組 $\begin{pmatrix} x \\ y \end{pmatrix}$ だったらどうでしょうか？

やはり，

$$\begin{pmatrix} x \\ y \end{pmatrix} = \begin{pmatrix} 1 \\ 3 \end{pmatrix}, \begin{pmatrix} 2 \\ 6 \end{pmatrix}, \begin{pmatrix} 3 \\ 9 \end{pmatrix}, \begin{pmatrix} 4 \\ 12 \end{pmatrix}, \cdots\cdots$$

などと無数にあるのですが，規則性に注目して，

$$\begin{pmatrix} x \\ y \end{pmatrix} = k \begin{pmatrix} 1 \\ 3 \end{pmatrix} \quad (k：自然数)$$

と書き表すことができます。

このように，実数の範囲では適する値が無数にあるけれど，整数や自然数の範囲では適する値の形が限定できる方程式を不定方程式と言います。

まず，$ax+by=c$ という形の不定方程式（これを 1 次不定方程式と言います）の解法を確認しましょう。

例1

$3x+5y=2$ という 1 次不定方程式を満たす整数 x，y を考えます。

これは，

$$y = -\frac{3}{5}x + \frac{2}{5}$$

と表せるので，この式を満たす x，y は右図の

ような傾き $-\dfrac{3}{5}$ の直線の上にある格子点です。

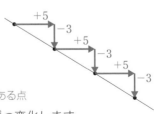

　　　　x 座標と y 座標がともに整数である点

したがって，x 座標は $+5$ ずつ，y 座標は -3 ずつ変化します。

どこでもイイので，直線上の格子点を 1 つ見つけると，たとえば $(-1, 1)$ は代入して成り立つので，直線上の格子点です。

よって,

$$\begin{pmatrix} x \\ y \end{pmatrix} = \begin{pmatrix} -1 \\ 1 \end{pmatrix} + k \begin{pmatrix} 5 \\ -3 \end{pmatrix} = \begin{pmatrix} -1+5k \\ 1-3k \end{pmatrix} \quad (k:整数)$$

と表せます。

例 題 ❶

次の1次不定方程式の整数解を求めよ。

(1) $6x+7y=1$ (2) $90x-37y=4$

解 説

(1) $6x+7y=1$ は $y=-\dfrac{6}{7}x+\dfrac{1}{7}$ と表せる。

整数解の1つが $\begin{pmatrix} x \\ y \end{pmatrix} = \begin{pmatrix} -1 \\ 1 \end{pmatrix}$ であることと,

直線の傾きが $-\dfrac{6}{7}$ であることから,求める整数解は,

$$\begin{pmatrix} x \\ y \end{pmatrix} = \begin{pmatrix} -1 \\ 1 \end{pmatrix} + k \begin{pmatrix} 7 \\ -6 \end{pmatrix} = \underline{\begin{pmatrix} -1+7k \\ 1-6k \end{pmatrix}} \quad (k:整数)$$

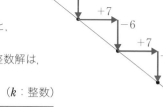

(2) $90x-37y=4$ は $y=\dfrac{90}{37}x-\dfrac{4}{37}$ と表せる。
これはさらに,

$$y=\left(2+\dfrac{16}{37}\right)x-\dfrac{4}{37}=2x+\dfrac{4(4x-1)}{37}$$

> 整数 x にたいして,$2x$ は必ず整数なので,$4x-1$ が 37 の倍数になるような x を探します。つまり,
> $4x-1=\pm 37,\ \pm 74,\ \cdots\cdots$
> と探していけば……

と表せるので,整数解の1つは,

$$\begin{pmatrix} x \\ y \end{pmatrix} = \begin{pmatrix} 28 \\ 68 \end{pmatrix}$$

である。直線の傾きが $\dfrac{90}{37}$ であることとあわせて,

求める整数解は,

$$\begin{pmatrix} x \\ y \end{pmatrix} = \begin{pmatrix} 28 \\ 68 \end{pmatrix} + k \begin{pmatrix} 37 \\ 90 \end{pmatrix} = \underline{\begin{pmatrix} 28+37k \\ 68+90k \end{pmatrix}} \quad (k:整数)$$

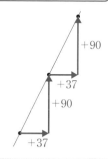

　ユークリッドの互除法を利用して整数解の1つを見つけ,直線であることは考えずに「互いに素」であることを使って解く方法が有名ですが,はっきり言って遅いんです。

　係数があまりに大きくて最初の1つが見つけられなければそのような方法も有効ですが,現実的には上記の解法で十分でしょう。

② 因数分解の利用 ------------------------------

たとえば，$xy=3$ を満たす実数 x, y の組は無数にありますが，整数 x, y の組は，

$$\begin{pmatrix} x \\ y \end{pmatrix} = \begin{pmatrix} 1 \\ 3 \end{pmatrix}, \begin{pmatrix} 3 \\ 1 \end{pmatrix}, \begin{pmatrix} -1 \\ -3 \end{pmatrix}, \begin{pmatrix} -3 \\ -1 \end{pmatrix}$$

の 4 組だけです。

このように，(積)＝(整数)という形の不定方程式は解くことができます。

例2

$xy-x+2y=0$ という不定方程式を解いてみましょう。

まず，最初の xy に注目して，

$$(x \qquad)(y \qquad) = \blacksquare$$

という形だろうと考えます。

そして，これを展開したときに $-x$ と $2y$ が出てくるので，

$$\underline{(x+2)(y-1)} = \blacksquare$$

とします。 ＝$xy-x+2y-2$ となるから，定数項-2 がジャマです

これで相殺します

さらに，定数項のツジツマを合わせて，

$$xy-x+2y=0 \iff (x+2)(y-1) = \boxed{-2}$$

と表せます。したがって，x, y が整数のとき，

$$\begin{pmatrix} x+2 \\ y-1 \end{pmatrix} = \begin{pmatrix} 1 \\ -2 \end{pmatrix}, \begin{pmatrix} 2 \\ -1 \end{pmatrix}, \begin{pmatrix} -1 \\ 2 \end{pmatrix}, \begin{pmatrix} -2 \\ 1 \end{pmatrix}$$

$$\therefore \begin{pmatrix} x \\ y \end{pmatrix} = \begin{pmatrix} -1 \\ -1 \end{pmatrix}, \begin{pmatrix} 0 \\ 0 \end{pmatrix}, \begin{pmatrix} -3 \\ 3 \end{pmatrix}, \begin{pmatrix} -4 \\ 2 \end{pmatrix}$$

と解くことができます。

例 題 ❷

次の方程式の整数解を求めよ。

(1) $xy+2x-3y-10=0$　　　　(2) $2xy-x+3y+5=0$

解 説

(1) $xy+2x-3y-10=0 \iff (x-3)(y+2)=4$

と表せるので，x, y が整数のとき，

$$\begin{pmatrix} x-3 \\ y+2 \end{pmatrix} = \begin{pmatrix} 1 \\ 4 \end{pmatrix}, \ \begin{pmatrix} 2 \\ 2 \end{pmatrix}, \ \begin{pmatrix} 4 \\ 1 \end{pmatrix}, \ \begin{pmatrix} -1 \\ -4 \end{pmatrix}, \ \begin{pmatrix} -2 \\ -2 \end{pmatrix}, \ \begin{pmatrix} -4 \\ -1 \end{pmatrix}$$

$$\therefore \quad \begin{pmatrix} x \\ y \end{pmatrix} = \begin{pmatrix} 4 \\ 2 \end{pmatrix}, \ \begin{pmatrix} 5 \\ 0 \end{pmatrix}, \ \begin{pmatrix} 7 \\ -1 \end{pmatrix}, \ \begin{pmatrix} 2 \\ -6 \end{pmatrix}, \ \begin{pmatrix} 1 \\ -4 \end{pmatrix}, \ \begin{pmatrix} -1 \\ -3 \end{pmatrix}$$

(2) $2xy - x + 3y + 5 = 0$

$$\iff \quad (2x+3)\left(y - \frac{1}{2}\right) = -\frac{13}{2}$$

$$\iff \quad (2x+3)(2y-1) = -13$$

> 途中では整数であることを無視して分数があってもOK！
> あとで両辺を2倍することで整数に戻せます

と表せるので，x, y が整数のとき，

$$\begin{pmatrix} 2x+3 \\ 2y-1 \end{pmatrix} = \begin{pmatrix} 1 \\ -13 \end{pmatrix}, \ \begin{pmatrix} 13 \\ -1 \end{pmatrix}, \ \begin{pmatrix} -1 \\ 13 \end{pmatrix}, \ \begin{pmatrix} -13 \\ 1 \end{pmatrix}$$

$$\therefore \quad \begin{pmatrix} x \\ y \end{pmatrix} = \begin{pmatrix} -1 \\ -6 \end{pmatrix}, \ \begin{pmatrix} 5 \\ 0 \end{pmatrix}, \ \begin{pmatrix} -2 \\ 7 \end{pmatrix}, \ \begin{pmatrix} -8 \\ 1 \end{pmatrix}$$

Dan's Point

❶ 1次不定方程式は，直線上の格子点！

❷ 因数分解できる不定方程式は，(積)＝(整数)の形が目標！

─ 類　題（ 基礎 15分 ）─────────────

▶解答と解説は別冊p.55

次の方程式の整数解を求めよ。

(1) $7x - 2y = 3$

(2) $65x + 31y = 2016$　$(x > 0, \ y > 0)$　　　　　　（福井大）

(3) $89x + 29y = -20$　$(x > 0)$　　　　　　（岩手大）

(4) $xy - 3x = 5$

(5) $xy - 3x - 3y = 0$　$(0 \leq x \leq y)$

(6) $xy = 2x + 2y + 2$　$(x \geq y)$　　　　　　（広島工業大）

(7) $\dfrac{1}{x} + \dfrac{1}{y} = \dfrac{3}{10}$　$(5 \leq x \leq y)$　　　　　　（青山学院大）

(8) $\left(1 + \dfrac{1}{x}\right)\left(1 + \dfrac{1}{y}\right) = \dfrac{5}{3}$　$(1 < x < y)$　　　　　　（一橋大）

第 6 章

整数の性質

テーマ27　不定方程式　**129**

28 n 進 法

① 10進法と2進法

私たちが日ごろ使っている数は 0，1，2，…，8，9 と数え，次の数は位を上げて 10 と書くことで表します。10 を位取りの基準にしているこの表記の仕方を 10 進法と言います。

たとえば，75483 という数は，右のような構造をしていて，

位	10^4	10^3	10^2	10^1	1
	7	5	4	8	3

$$75483 = 7 \cdot 10^4 + 5 \cdot 10^3 + 4 \cdot 10^2 + 8 \cdot 10^1 + 3 \cdot 1$$

となっています。

これは（5円玉，50円玉，500円玉，2000円札，5000円札の存在は忘れて）1円玉，10円玉，100円玉，1000円札，10000円札を使って 75483 円を支払うときに，10000円札を 7 枚，1000円札を 5 枚，100円玉を 4 枚，10円玉を 8 枚，1円玉を 3 枚使うというイメージです。

これにたいして，0，1 の次は位を上げて 10 と書く，2 を位取りの基準とした表記の仕方を 2 進法と言います。10 進法とは次の表のように対応します。

10進法	1	2	3	4	5	6	7	8	9	10
2進法	1	10	11	100	101	110	111	1000	1001	1010

10 進法と区別するために，2 進法で表した場合には数字の右下に小さく(2)と書いて，たとえば $\underline{10} = 1010_{(2)}$ と表記するのがルールです。

10 進法の場合には(10)を省略することが多いのです

（誤解のない場面では省略することもあります）

例

10 進法では各位が 10^k の位になっていましたね。同様に，2 進法では各位が 2^k の位になっていて，たとえば $11001_{(2)}$ は下のような構造をしています。

だから，10 進法に直すと，

$$11001_{(2)} = 1 \cdot 2^4 + 1 \cdot 2^3 + 0 \cdot 2^2 + 0 \cdot 2^1 + 1 \cdot 1$$
$$= 16 + 8 + 1$$
$$= 25$$

位	2^4	2^3	2^2	2^1	1
	1	1	0	0	1

となります。

これは，1円玉 1 枚，8円玉 1 枚，16円玉 1 枚で 25 円を支払うイメージです。

逆に，たとえば 10 進法の 89 を 2 進法で表すときは，1 円玉，2 円玉，4 円玉，8 円玉，16 円玉，32 円玉，64 円玉，128 円玉，256 円玉，……を 1 枚ずつ持っている状態で，どうやって 89 円を払うかを考えます。

すると，とりあえず 64 円玉を 1 枚出して残りが 25 円ですね。次に 16 円玉を 1 枚出して残り 9 円。さらに，8 円玉と 1 円玉を出せば，89 円を支払えます。

したがって，

$$89 = 1011001_{(2)}$$

位	2^6	2^5	2^4	2^3	2^2	2^1	1
	1	0	1	1	0	0	1

です。

例題 ❶

$1010110_{(2)}$ を 10 進法で表すと $\boxed{}$ であり，10 進法の 1234 を 2 進法で表すと $\boxed{}$ である。

解説

2 進法では右のように位取りするから，

$$1010110_{(2)} = 1 \cdot 64 + 1 \cdot 16 + 1 \cdot 4 + 1 \cdot 2$$
$$= \underline{86}$$

2^6	2^5	2^4	2^3	2^2	2^1	1
1	0	1	0	1	1	0

また，1234 円を 2^k 円玉で支払うことを考えると，

1024 円玉が 1 枚(残り 210 円)，128 円玉が 1 枚(残り 82 円)，

64 円玉が 1 枚(残り 18 円)，16 円玉が 1 枚(残り 2 円)，

2 円玉が 1 枚，

で，1234 円を支払えるから，

2^{10}	2^9	2^8	2^7	2^6	2^5	2^4	2^3	2^2	2^1	1
1	0	0	1	1	0	1	0	0	1	0

$$1234 = 1 \cdot 1024 + 1 \cdot 128 + 1 \cdot 64 + 1 \cdot 16 + 1 \cdot 2 = \underline{10011010010}_{(2)}$$

❷ 10進法と3進法

次は 3 進法です。これは，0，1，2 の次は位を上げて 10 と書く，3 を位取りの基準とした表記の仕方です。10 進法とは次の表のように対応します。

10進法	1	2	3	4	5	6	7	8	9	10
3進法	1	2	10	11	12	20	21	22	100	101

考え方は 2 進法と同様ですが，今回は 2 まで使える（3^k 円玉を 2 枚まで使える）というところがポイントです。

例題 ❷

22101$_{(3)}$ を 10 進法で表すと ☐ であり，10 進法の 600 を 3 進法で表すと ☐ である。

解説

右のようになるから，

$$22101_{(3)} = 2 \cdot 81 + 2 \cdot 27 + 1 \cdot 9 + 1 \cdot 1$$
$$= \underline{226}$$

3^4	3^3	3^2	3^1	1
2	2	1	0	1

また，600 円を 3^k 円玉で支払うことを考えると，

243 円玉が 2 枚（残り 114 円），

81 円玉が 1 枚（残り 33 円），

27 円玉が 1 枚（残り 6 円），

3 円玉が 2 枚

3^5	3^4	3^3	3^2	3^1	1
2	1	1	0	2	0

で，600 円を支払えるから，

$$600 = 2 \cdot 243 + 1 \cdot 81 + 1 \cdot 27 + 2 \cdot 3$$
$$= \underline{211020_{(3)}}$$

これら 2 進法，3 進法の考え方をそのまま拡張して 5 進法や 7 進法なども考えられます。これらを総称して，一般的に n 進法と言います。

Dan's Point

n 進法は，n を位取りの基準として，各位を n^k の位とした表記。

類　題（基礎 Ⓐ 2分，Ⓑ 13分）

Ⓐ　1101001$_{(2)}$ を 10 進法で表すと ☐ である。10 進法で表された数 29 を 5 進法で表すと ☐ である。 （法政大）

Ⓑ　次の問いに答えよ。

(1)　a, b, c をそれぞれ 1 桁の数として，3 桁の数を abc と表記するとき，7 進法で表すと 3 桁の数 $abc_{(7)}$ になり，5 進法で表すと 3 桁の数 $bca_{(5)}$ になる数を 10 進法で表すと ☐ である。

(2)　$\dfrac{123}{343}$ を 7 進法の小数で表すと ☐ である。 （星薬科大）

132　第 6 章　整数の性質

第 **7** 章

データの分析

テーマ **29** ・ テーマ **30**

テーマ 29 平均値・分散・標準偏差

❶ 平 均 値

数学の授業以外でも，私たちはさまざまなデータを扱うことがあります。そのときの1つの代表的な値が平均値です。これは，小学生のころから触れているのでなじみ深いと思います。

> **平均値の定義**
>
> n 個のデータ $x_1,\ x_2,\ \cdots,\ x_n$ にたいして，
>
> $$\text{平均値：} \overline{x} = \frac{x_1 + x_2 + \cdots + x_n}{n}$$

例

次の10個のデータの平均値 $\overline{x}$ を求めてみましょう。

$$17,\quad 14,\quad 16,\quad 18,\quad 18,\quad 13,\quad 12,\quad 15,\quad 17,\quad 12$$

とりあえず定義どおりに計算すると，

$$\overline{x} = \frac{17+14+16+18+18+13+12+15+17+12}{10}$$

$$= \frac{152}{10} = 15.2$$

です。

少し計算をラクにするために，全部のデータが $10 + \blacksquare$ という値だから，各値の1の位だけ取り出して，

$$\overline{x} = 10 + \frac{7+4+6+8+8+3+2+5+7+2}{10}$$

$$= 10 + \frac{52}{10} = 15.2$$

と計算することもできます。

上の計算は「10 からの差」だけ取り出して計算したわけですが，別に 10 でなくてもかまいません。たとえば「15 からの差」を取り出して，

$$\overline{x} = 15 + \frac{2+(-1)+1+3+3+(-2)+(-3)+0+2+(-3)}{10}$$

$$= 15 + \frac{2}{10} = 15.2$$

としても正しく計算できます。

これらの 10 や 15 のような仮の基準のことを仮平均と言います。

例題 ❶

次の 10 人の身長(cm)の平均値 $\overline{x}$ を求めよ。

173, 165, 163, 179, 181, 160, 158, 177, 163, 171

解説

仮平均を 170 として,

$$\overline{x} = 170 + \frac{3 + (-5) + (-7) + 9 + 11 + (-10) + (-12) + 7 + (-7) + 1}{10}$$

$$= 170 + \frac{-10}{10} = \underline{\underline{169}}$$

❷ 分散・標準偏差 -

それぞれ 5 人ずつの 2 グループ A, B の数学のテスト結果(100 点満点)が次のようになったとしましょう。

A:0 点, 0 点, 0 点, 100 点, 100 点

B:39 点, 39 点, 40 点, 41 点, 41 点

このとき, どちらも平均点は 40 点になりますが, だからと言って「同じようなデータである」とは言いにくいですよね?

これは, 直感的に「A のほうがバラついている。B のほうがまとまっている」とわかるからでしょう。この「バラつき具合」を数値化することを考えます。

まず, 平均値との差をとります。この値を偏差と言います。

A

点数 x_k	0	0	0	100	100
偏差 $x_k - \overline{x}$	-40	-40	-40	60	60

B

点数 y_k	39	39	40	41	41
偏差 $y_k - \overline{y}$	-1	-1	0	1	1

この偏差の平均値を計算してみると,

$$A: \frac{(-40) + (-40) + (-40) + 60 + 60}{5} = \frac{0}{5} = 0$$

$$B: \frac{(-1) + (-1) + 0 + 1 + 1}{5} = \frac{0}{5} = 0$$

となり意味がありません(必ず，偏差の合計は 0 です)。

そこで，偏差の 2 乗の平均値を求めてみます。

$$A : \frac{(-40)^2 + (-40)^2 + (-40)^2 + 60^2 + 60^2}{5} = \frac{12000}{5} = 2400$$

$$B : \frac{(-1)^2 + (-1)^2 + 0^2 + 1^2 + 1^2}{5} = \frac{4}{5} = 0.8$$

すると，A のほうが B よりも大きな値が出てきました。つまり，A のデータのほうがバラついているという感覚に合いますね。この値を分散と言います。

┌─ 分散の定義 ──────────────────────
│
│ n 個のデータ x_1, x_2, $\cdots$, x_n の平均値が $\overline{x}$ であるとき，偏差の 2 乗の平均値を分散と言い，s_x^2 で表す。
│
│ $$s_x^2 = \frac{(x_1 - \overline{x})^2 + (x_2 - \overline{x})^2 + \cdots + (x_n - \overline{x})^2}{n}$$
│
└──────────────────────────────────

ところで，上の例での単位を見ると，

点数➡点　　　平均値➡点　　　偏差➡点

偏差の 2 乗➡点^2　　　分散➡点^2

となっています。100 点満点のテストで「バラつき具合が 2400 点^2」と言われてもピンときませんよね？

したがって，この単位をもとに戻すために $\sqrt{分散}$ という値を考えます。この値を標準偏差と言います。

┌─ 標準偏差の定義 ──────────────────
│
│ 標準偏差：$s_x = \sqrt{分散}$
│
└──────────────────────────────────

上の例では，

$$A : \sqrt{2400} = 20\sqrt{6} ≒ 20 \cdot 2.45 = 49 (点)$$

$$B : \sqrt{0.8} = \sqrt{\frac{80}{100}} = \frac{4\sqrt{5}}{10} ≒ \frac{4 \cdot 2.24}{10} = 0.896 (点)$$

となります。これなら，単位が「点」になり「バラつき具合が 49 点」，つまり，「全員の平均点からの離れ具合が 49 点ぐらい」とわかりやすくなりましたね。

┌─ 例題 ❷ ────────────────────────
│
│ 次のデータの分散と標準偏差を求めよ。
│
│ 　　5, 7, 4, 3, 6
│
└──────────────────────────────────

まず，平均値 $\overline{x}$ を求めると，

$$\overline{x} = \frac{5+7+4+3+6}{5} = \frac{25}{5} = 5$$

したがって，各データの偏差は次の表のとおり。

点数 x_k	5	7	4	3	6
偏差 $x_k - \overline{x}$	0	2	-1	-2	1

0 も書いておいたほうが，個数が確認できて，ミスを減らせます

よって，分散 s_x^2 と標準偏差 s_x の値は，

$$s_x^2 = \frac{0^2+2^2+(-1)^2+(-2)^2+1^2}{5} = \frac{0+4+1+4+1}{5} = \underline{\underline{2}}$$

$$s_x = \underline{\sqrt{2}} \quad (\fallingdotseq 1.4)$$

Dan's Point

分散・標準偏差は，意味はわかるけどメンドウなもの。

類 題（標準 Ａ 5分，Ｂ 3分，Ｃ 10分）

▶解答と解説は別冊p.59

Ａ　次の表は，20 人の女子生徒に 10 点満点の漢字テストを行なった結果をまとめたものである。

点数	0	1	2	3	4	5	6	7	8	9	10
人数	0	0	1	2	2	4	3	3	2	1	2

(1)　20 人の点数の分散を求めよ。

(2)　この漢字テストを 10 人の男子にも実施したところ，男子 10 人の点数の平均点と標準偏差はそれぞれ 6，2 であった。このとき，全 30 人の点数の平均点と分散を求めよ。

Ｂ　n 個のデータ x_1，x_2，…，x_n にたいして平均値を $\overline{x}$ と表すとき，分散 s_x^2 は $s_x^2 = \overline{x^2} - (\overline{x})^2$ となることを示せ。

Ｃ　(1)　次の 10 個のデータ x の分散 s_x^2 を求めよ。

7，3，6，3，4，4，6，8，9，3

(2)　(1)のデータ x にたいして $y = 3x+1$ とするデータ y を作る。このときデータ y の平均値 $\overline{y}$ と分散 s_y^2 を求めよ。

第7章 データの分析

共分散・相関係数

共分散と相関係数

2つのデータに関係性があるかどうかを調べるときに散布図(相関図)というものを利用します。

例1 次の表は、ある会社の社員5人の通勤時間（分）と使っている財布の値段（万円）を調べた結果です。

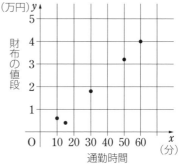
(万円) / 財布の値段 / 通勤時間 (分)

社員	A	B	C	D	E
通勤時間	15	60	30	10	50
財布の値段	0.4	4.0	1.8	0.6	3.2

この5人のデータを、通勤時間を x 軸、財布の値段を y 軸としてプロットしたものが右図です。これが散布図（相関図）です。

この例のように、右上に向かって直線に近い形で点が並ぶとき、x と y の間には強い正の相関があると言えます。つまり「通勤時間の長い人ほど高い財布を使っている傾向がある」と言えます（だからといって、因果関係があるとは限りません。つまり、「高い財布を使いたければ、通勤時間を長くすればイイ」なんてことは、このデータからは言えません）。

さて、このデータにおいて、x と y それぞれの平均値と偏差を求めると次の表のようになります。

社員	A	B	C	D	E	平均値
x	15	60	30	10	50	33
偏差	−18	27	−3	−23	17	
y	0.4	4.0	1.8	0.6	3.2	2.0
偏差	−1.6	2.0	−0.2	−1.4	1.2	

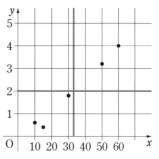

平均値を散布図に赤い線で書き込むと右図のように4つの領域に分割されます。この4つの領域のうち、

　　　　右上と左下にデータが多く並ぶと正の相関
　　　　左上と右下にデータが多く並ぶと負の相関

があると言います。

データの並び方が，右上がり傾向か右下がり傾向かを調べるための数値が次の共分散です。

共分散の定義

データ (x_1, y_1)，(x_2, y_2)，$\cdots$，(x_n, y_n) において，偏差の積の平均値を共分散と言い，s_{xy} で表す。

$$s_{xy} = \frac{(x_1 - \bar{x})(y_1 - \bar{y}) + (x_2 - \bar{x})(y_2 - \bar{y}) + \cdots + (x_n - \bar{x})(y_n - \bar{y})}{n}$$

これは，下図のように，各データの符号つき面積の平均値を求めていることになります。

符号つき面積は，
$(x_k - \bar{x})(y_k - \bar{y}) > 0$

符号つき面積は，
$(x_k - \bar{x})(y_k - \bar{y}) < 0$

例2 前ページの **例1** における共分散 s_{xy} は，

$$s_{xy} = \frac{(-18) \cdot (-1.6) + 27 \cdot 2.0 + (-3) \cdot (-0.2) + (-23) \cdot (-1.4) + 17 \cdot 1.2}{5}$$

$$= \frac{28.8 + 54 + 0.6 + 32.2 + 20.4}{5}$$

$$= \frac{136}{5}$$

$$= 27.2$$

となります。

共分散の値は，もとのデータに依存してすごく小さい値やすごく大きな値をとることもあるので，どのような傾向で並んでいるかを表す普遍的な指標には成り得ません。そこで役立つのが次の相関係数です。

相関係数の定義

データ (x, y) について，x の標準偏差を s_x，y の標準偏差を s_y，x と y の共分散を s_{xy} とするとき，値 $\dfrac{s_{xy}}{s_x s_y}$ を相関係数と言う。

この相関係数は，平均的面積にたいする実際の面積の割合を計算しているイメージであり，もとのデータの数値に依存することなく -1 以上 1 以下の値をとります（符号つきの確率のようなものです）。

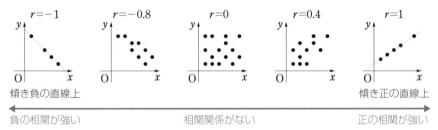

傾き負の直線上　　　　　　　　　　　　　　　　　　　　　　　　　　傾き正の直線上

負の相関が強い　　　　　　　　　相関関係がない　　　　　　　　　正の相関が強い

例3　**例1** の場合

$$s_x^2 = \frac{(-18)^2 + 27^2 + (-3)^2 + (-23)^2 + 17^2}{5} = 376 \quad \therefore \quad s_x = \sqrt{376}$$

$$s_y^2 = \frac{(-1.6)^2 + (2.0)^2 + (-0.2)^2 + (-1.4)^2 + 1.2^2}{5} = 2 \quad \therefore \quad s_y = \sqrt{2}$$

したがって，相関係数 r は，

$$r = \frac{s_{xy}}{s_x s_y} = \frac{27.2}{\sqrt{376}\sqrt{2}} = \frac{27.2}{4\sqrt{47}} \fallingdotseq \frac{27.2}{4 \cdot 6.86} \fallingdotseq 0.99$$

となり，かなり強い正の相関があることがわかります（$\sqrt{\ }$ の数値計算など，手計算で求めるのは現実的ではありませんね）。

例　題

　下の表は 10 人の生徒の英語と数学の試験（それぞれ 10 点満点）の結果である。

生徒	A	B	C	D	E	F	G	H	I	J
英語	9	5	5	7	7	6	6	4	5	6
数学	2	8	3	6	4	7	9	3	4	4

　このとき，英語の点数と数学の点数の相関係数 r を求めよ。

解　説

　まず，英語の点数の平均値 $\bar{x}$ と数学の点数の平均値 $\bar{y}$ を求めると，

$$\bar{x} = \frac{9+5+5+7+7+6+6+4+5+6}{10} = 6$$

$$\bar{y} = \frac{2+8+3+6+4+7+9+3+4+4}{10} = 5$$

なので，各値の偏差は次の表のとおり。

生徒	A	B	C	D	E	F	G	H	I	J
英語	9	5	5	7	7	6	6	4	5	6
偏差	3	-1	-1	1	1	0	0	-2	-1	0
数学	2	8	3	6	4	7	9	3	4	4
偏差	-3	3	-2	1	-1	2	4	-2	-1	-1

したがって，英語の点数の分散 $s_x{}^2$ と数学の点数の分散 $s_y{}^2$ は，

$$s_x{}^2 = \frac{9+1+1+1+1+0+0+4+1+0}{10} = 1.8$$

$$s_y{}^2 = \frac{9+9+4+1+1+4+16+4+1+1}{10} = 5$$

共分散 s_{xy} は，

$$s_{xy} = \frac{(-9)+(-3)+2+1+(-1)+0+0+4+1+0}{10} = -0.5$$

よって，相関係数 r は，

$$r = \frac{-0.5}{\sqrt{1.8}\sqrt{5}} = -\frac{0.5}{\sqrt{9}} = -\underline{\underline{\frac{1}{6}}} \quad (\fallingdotseq -0.17)$$

Dan's Point

**2つのデータの間の関係は符号つき面積で調べる！
それが共分散と相関係数**

類 題（基礎 2分）

▶解答と解説は別冊p.61

ある高校2年生39人のクラスで1人2回ずつハンドボール投げの飛距離のデータを取ると，次のようになった。

　　　1回目のデータ：平均値 24.70，分散 67.40，標準偏差 8.21

　　　2回目のデータ：平均値 26.90，分散 48.72，標準偏差 6.98

　　　1回目のデータと2回目のデータの共分散：54.30

1回目のデータと2回目のデータの相関係数に最も近い値は □ である。次の⓪～⑨から選べ。

　⓪　0.67　　①　0.71　　②　0.75　　③　0.79　　④　0.83

　⑤　0.87　　⑥　0.91　　⑦　0.95　　⑧　0.99　　⑨　1.03

(センター試験)

大山　壇（おおやま　だん）

　東北大学理学部数学科卒。代々木ゼミナール講師。本部校，札幌校，名古屋校に出講。

　各地区で基礎クラスから最上位クラスまで幅広く担当し，定義の理解と計算力，そして正確な論理性を重視した授業を展開し，多くの生徒に信頼されている。また，『全国大学入試問題正解 数学』（旺文社）の解答執筆者でもあり，著書に『数学　整数 分野別標準問題精講』（旺文社）などがある。

　趣味はゴルフ。飛距離はプロ級だが，スコアはイマイチ。

おおやまだん
大山壇の

き ほん　　　み　　　　　　　すうがく　　　　　　けいさんりょく
基本から身につける数学Ⅰ・Aの計算力

2020年3月9日　初版発行

おおやま　だん
著者／大山　壇

発行者／川金　正法

発行／株式会社KADOKAWA
〒102-8177　東京都千代田区富士見2-13-3
電話　0570-002-301（ナビダイヤル）

印刷所／株式会社加藤文明社印刷所

大山壇の 基本から身につける

数学I・Aの
計算力

別　　冊

類題の
解答・解説

大山壇の 基本から身につける

数学I・Aの 計算力

別　冊

類題の
解答・解説

テーマ **1**　数値計算の工夫

▶問題は本冊 *p*.13

(1)　$30+80=110$ を覚えておいて，一の位は $6+5=11$ だから，
$$36+85=110+11=\underline{121}$$

(2)　37 を 40 にしたほうが引きやすいから，両方に 3 を足しておいて，
$$53-37=56-40=\underline{16}$$

(3)　まず，$29+43$ を(1)と同様に計算して 72。これを覚えておいて，
$$29+43-36=72-36$$
$$=76-40 \quad \longleftarrow$$
$$=\underline{36}$$

> 36 を 40 にしたほうが引きやすいので，両方に 4 を足しました

 別解　先に $43-36=7$ を求めておいて，
$$29+43-36=29+7=\underline{36}$$

(4)　$60\times5=300$ を覚えておいて，一の位は $7\times5=35$ だから，
$$67\times5=300+35=\underline{335}$$

(5)　$15=3\cdot5$，$24=2\cdot12$ と分解して，順序を入れかえれば，
$$15\times24=(3\cdot12)\cdot(5\cdot2)=36\cdot10=\underline{360}$$

(6)　十の位が同じ数字だから，展開公式を利用して，
$$68\times63=(60+8)(60+3)$$
$$=60^2+(8+3)\cdot60+8\cdot3 \quad \longleftarrow$$
$$=3600+660+24$$
$$=\underline{4284}$$

> 公式：$(x+a)(x+b)$
> $=x^2+(a+b)x+ab$

(1) $\sqrt{12} \cdot \sqrt{6} = \sqrt{2} \cdot \sqrt{6} \cdot \sqrt{6} = \underline{\underline{6\sqrt{2}}}$

(2) $\dfrac{\sqrt{28}}{\sqrt{21}} = \dfrac{\sqrt{4 \cdot 7}}{\sqrt{3 \cdot 7}}$

分母と分子がともに 7 の倍数
であることに気づきたい

$\qquad = \dfrac{2}{\sqrt{3}} \cdot \dfrac{\sqrt{3}}{\sqrt{3}}$

$\qquad = \dfrac{2\sqrt{3}}{3}$

(3) $\dfrac{6}{\sqrt{3}} = \dfrac{2 \cdot \sqrt{3} \cdot \sqrt{3}}{\sqrt{3}} = \underline{\underline{2\sqrt{3}}}$

分母の有理化よりも約分！

(4) $x < 3$ という条件のもとで，

$\sqrt{x^2 - 6x + 9} = \sqrt{(x-3)^2}$

$\qquad = \sqrt{(3-x)^2}$

$\qquad = \underline{\underline{3-x}}$

$\sqrt{(x-3)^2} = x-3$ は NG！
$x < 3$ のもとでは，$x-3$ は負の数です

注意 絶対値記号を用いて，とりあえず，

$$\sqrt{(x-3)^2} = |x-3|$$

としてから，絶対値記号をはずすのもアリです。

(5) $\sqrt{27} + \sqrt{12} = \sqrt{9 \cdot 3} + \sqrt{4 \cdot 3} = 3\sqrt{3} + 2\sqrt{3} = \underline{\underline{5\sqrt{3}}}$

(6) $\sqrt{8} + \sqrt{32} - \dfrac{3}{\sqrt{2}} = \sqrt{4 \cdot 2} + \sqrt{16 \cdot 2} - \dfrac{3}{\sqrt{2}} \cdot \dfrac{\sqrt{2}}{\sqrt{2}}$

$$= 2\sqrt{2} + 4\sqrt{2} - \dfrac{3\sqrt{2}}{2}$$

$$= \dfrac{9\sqrt{2}}{2}$$

(7) $(2\sqrt{3} - \sqrt{2})^2$

$= (2\sqrt{3})^2 + (\sqrt{2})^2 - 2 \cdot 2\sqrt{3} \cdot \sqrt{2}$

$= (12 + 2) - 4\sqrt{6}$

$= \underline{\underline{14 - 4\sqrt{6}}}$

$a^2 - 2ab + b^2$ の順番よりも
$a^2 + b^2 - 2ab$ の順番のほうが
$a^2 + b^2$ の部分の $\sqrt{}$ がはずれる
から暗算しやすい！

(8) $(\sqrt{11}-\sqrt{5})(\sqrt{11}+\sqrt{5})$

$=(\sqrt{11})^2-(\sqrt{5})^2$ ← 公式：$(a-b)(a+b)=a^2-b^2$

$=11-5$

$=\underline{\underline{6}}$

(9) $(1+3\sqrt{5})(2-\sqrt{5})=(1\cdot2-3\sqrt{5}\cdot\sqrt{5})+(-1+3\cdot2)\sqrt{5}$

$=\underline{\underline{-13+5\sqrt{5}}}$

(10) $\dfrac{6}{3-\sqrt{7}}=\dfrac{6}{3-\sqrt{7}}\cdot\dfrac{3+\sqrt{7}}{3+\sqrt{7}}$

$=\dfrac{6(3+\sqrt{7})}{3^2-(\sqrt{7})^2}$

$=\dfrac{6(3+\sqrt{7})}{2}$

$=\underline{\underline{3(3+\sqrt{7})}}$

(11) $\dfrac{1}{\sqrt{3}+6}=\dfrac{1}{6+\sqrt{3}}\cdot\dfrac{6-\sqrt{3}}{6-\sqrt{3}}$

← $\dfrac{\sqrt{3}-6}{\sqrt{3}-6}$ をかけてもイイけれど，

そうすると分母が負になって，1 行

多くなります

$=\dfrac{6-\sqrt{3}}{6^2-(\sqrt{3})^2}$

$=\underline{\underline{\dfrac{6-\sqrt{3}}{33}}}$

(12) $\dfrac{\sqrt{3}-\sqrt{2}}{\sqrt{3}+\sqrt{2}}=\dfrac{\sqrt{3}-\sqrt{2}}{\sqrt{3}+\sqrt{2}}\cdot\dfrac{\sqrt{3}-\sqrt{2}}{\sqrt{3}-\sqrt{2}}$

$=\dfrac{(\sqrt{3})^2+(\sqrt{2})^2-2\cdot\sqrt{3}\cdot\sqrt{2}}{(\sqrt{3})^2-(\sqrt{2})^2}$

← 筆者は，先に分母だけ計算
して，そのあとに分子の計
算をします

$=5-2\sqrt{6}$

$\dfrac{\sqrt{5}+\sqrt{3}}{\sqrt{5}-\sqrt{3}}=\dfrac{\sqrt{5}+\sqrt{3}}{\sqrt{5}-\sqrt{3}}\cdot\dfrac{\sqrt{5}+\sqrt{3}}{\sqrt{5}+\sqrt{3}}$

$=\dfrac{(\sqrt{5})^2+(\sqrt{3})^2+2\cdot\sqrt{5}\cdot\sqrt{3}}{(\sqrt{5})^2-(\sqrt{3})^2}$

$=\dfrac{8+2\sqrt{15}}{2}$

$=4+\sqrt{15}$

$\therefore\ \dfrac{\sqrt{3}-\sqrt{2}}{\sqrt{3}+\sqrt{2}}-\dfrac{\sqrt{5}+\sqrt{3}}{\sqrt{5}-\sqrt{3}}=(5-2\sqrt{6})-(4+\sqrt{15})$

$=\underline{\underline{1-2\sqrt{6}-\sqrt{15}}}$

(13)
$$\frac{1}{\sqrt{k}+\sqrt{k+1}} = \frac{1}{\sqrt{k}+\sqrt{k+1}} \cdot \frac{\sqrt{k+1}-\sqrt{k}}{\sqrt{k+1}-\sqrt{k}}$$

$$= \frac{\sqrt{k+1}-\sqrt{k}}{(\sqrt{k+1})^2-(\sqrt{k})^2}$$

$$= \frac{\sqrt{k+1}-\sqrt{k}}{(k+1)-k}$$

$$= \underline{\underline{\sqrt{k+1}-\sqrt{k}}}$$

> 「数学 B」や「数学 III」によく出てくる式です。
> ちなみに，筆者は，最後の形は $-\sqrt{k}+\sqrt{k+1}$ のほうが好きなのですが，それはまた別のお話♪

(14)
$$\frac{2}{1+\sqrt{2}+\sqrt{3}} = \frac{2}{(1+\sqrt{2})+\sqrt{3}} \cdot \frac{(1+\sqrt{2})-\sqrt{3}}{(1+\sqrt{2})-\sqrt{3}}$$

> 分母が 3 項でも，やることは同じです

$$= \frac{2(1+\sqrt{2}-\sqrt{3})}{(1+\sqrt{2})^2-(\sqrt{3})^2}$$

$$= \frac{2(1+\sqrt{2}-\sqrt{3})}{(3+2\sqrt{2})-3}$$

> $(1+\sqrt{2})^2$
> $=1^2+(\sqrt{2})^2+2\cdot1\cdot\sqrt{2}$
> $=3+2\sqrt{2}$

$$= \frac{2(1+\sqrt{2}-\sqrt{3})}{2\sqrt{2}}$$

$$= \frac{1+\sqrt{2}-\sqrt{3}}{\sqrt{2}} \cdot \frac{\sqrt{2}}{\sqrt{2}}$$

$$= \underline{\underline{\frac{\sqrt{2}+2-\sqrt{6}}{2}}}$$

(15) $a+b=11$, $ab=30$ となる a, b は，

$$a=5, \quad b=6$$

だから，

$$\sqrt{11+2\sqrt{30}} = \sqrt{(\sqrt{5}+\sqrt{6})^2}$$

$$= \underline{\underline{\sqrt{5}+\sqrt{6}}}$$

> $(\sqrt{5}+\sqrt{6})^2$
> $=(\sqrt{5})^2+(\sqrt{6})^2+2\cdot\sqrt{5}\cdot\sqrt{6}$
> $=11+2\sqrt{30}$

(16) $a+b=12$, $ab=35$ となる a, b は，

$$a=7, \quad b=5$$

だから，

$$\sqrt{12-2\sqrt{35}} = \sqrt{(\sqrt{7}-\sqrt{5})^2}$$

$$= \underline{\underline{\sqrt{7}-\sqrt{5}}}$$

> 結果が正になる順番に引いておきましょう

(17) $\sqrt{8-\sqrt{48}} = \sqrt{8-2\sqrt{12}}$
$= \sqrt{(\sqrt{6}-\sqrt{2})^2}$
$= \underline{\underline{\sqrt{6}-\sqrt{2}}}$

なかの $\sqrt{}$ から 2 をくくり出して，あとは(15)・(16)と同様！

(18) $\sqrt{5+\sqrt{21}} = \sqrt{\dfrac{10+2\sqrt{21}}{2}}$
$= \sqrt{\dfrac{(\sqrt{7}+\sqrt{3})^2}{2}}$
$= \dfrac{\sqrt{7}+\sqrt{3}}{\sqrt{2}} \cdot \dfrac{\sqrt{2}}{\sqrt{2}}$
$= \underline{\underline{\dfrac{\sqrt{14}+\sqrt{6}}{2}}}$

(19) $\sqrt{2-\sqrt{3}} = \sqrt{\dfrac{4-2\sqrt{3}}{2}}$
$= \sqrt{\dfrac{(1-\sqrt{3})^2}{2}}$
$= \dfrac{\sqrt{3}-1}{\sqrt{2}} \cdot \dfrac{\sqrt{2}}{\sqrt{2}}$
$= \underline{\underline{\dfrac{\sqrt{6}-\sqrt{2}}{2}}}$

(20) $\sqrt{9-3\sqrt{5}} = \sqrt{3(3-\sqrt{5})}$
$= \sqrt{3} \cdot \sqrt{\dfrac{6-2\sqrt{5}}{2}}$
$= \sqrt{3} \cdot \sqrt{\dfrac{(\sqrt{5}-1)^2}{2}}$
$= \sqrt{3} \cdot \dfrac{\sqrt{5}-1}{\sqrt{2}} \cdot \dfrac{\sqrt{2}}{\sqrt{2}}$
$= \underline{\underline{\dfrac{\sqrt{30}-\sqrt{6}}{2}}}$

$\sqrt{9-3\sqrt{5}} = \sqrt{9-\sqrt{45}}$
$= \sqrt{\dfrac{18-2\sqrt{45}}{2}}$
としてもけっこうです

(1)　$(x+3)(x-7)=x^2+(-7x+3x)-21$

　　　　　　　　　　$=\underline{x^2-4x-21}$

(2)　$(x-2)(x^2-3x+1)=x^3+(-3x^2-2x^2)+(x+6x)-2$

　　　　　　　　　　　　$=\underline{x^3-5x^2+7x-2}$

(3)　$(2x-1)(4x^2+2x+1)=8x^3+(4x^2-4x^2)+(2x-2x)-1$

　　　　　　　　　　　　　$=\underline{8x^3-1}$

(4)　$(a+b+c)(a^2+b^2+c^2-ab-bc-ca)$

　$=a(a^2+b^2+c^2-ab-bc-ca)$

　　$+b(a^2+b^2+c^2-ab-bc-ca)$

　　$+c(a^2+b^2+c^2-ab-bc-ca)$

　$=\underline{a^3}+ab^2+c^2a-a^2b-\underline{abc}-ca^2$

　　$+a^2b+\underline{b^3}+bc^2-ab^2-b^2c-\underline{abc}$

　　$+ca^2+b^2c+\underline{c^3}-\underline{abc}-bc^2-c^2a$

　$=\underline{a^3+b^3+c^3-3abc}$

> 文字が多いときは，無理をせず，ていねいに展開！

> 〰の部分だけが残ります

(5)　$(a+3)^2=a^2+2\cdot3\cdot a+3^2$

　　　　　　$=\underline{a^2+6a+9}$

(6)　$(3x-2y)^2=(3x)^2+2\cdot3x\cdot(-2y)+(-2y)^2$

　　　　　　　　$=\underline{9x^2-12xy+4y^2}$

(7)　$(x+2y)(x-2y)=x^2-(2y)^2$

　　　　　　　　　$=\underline{x^2-4y^2}$

(8)　$(x+3y-2z)^2$

　$=x^2+(3y)^2+(-2z)^2+2\cdot x\cdot3y+2\cdot3y\cdot(-2z)+2\cdot(-2z)\cdot x$

　$=\underline{x^2+9y^2+4z^2+6xy-12yz-4zx}$

(9)　$(2a+1)^3=(2a)^3+3\cdot(2a)^2\cdot1+3\cdot2a\cdot1^2+1^3$

　　　　　　$=\underline{8a^3+12a^2+6a+1}$

(10)　$(3a-2b)^3=(3a)^3+3\cdot(3a)^2\cdot(-2b)+3\cdot3a\cdot(-2b)^2+(-2b)^3$

　　　　　　　　$=\underline{27a^3-54a^2b+36ab^2-8b^3}$

(11) $(a+b)^3(a-b)^3$

$=\{(a+b)(a-b)\}^3$

$=(a^2-b^2)^3$

$=(a^2)^3+3\cdot(a^2)^2\cdot(-b^2)+3\cdot a^2\cdot(-b^2)^2+(-b^2)^3$

$=\underline{a^6-3a^4b^2+3a^2b^4-b^6}$

> A^3B^3 は $A\cdot A\cdot A\cdot B\cdot B\cdot B$ ですから，並べかえて，
> $$(A\cdot B)\cdot(A\cdot B)\cdot(A\cdot B)=(AB)^3$$
> と表せます

(12) $(x-1)(x+1)(x^2+1)(x^4+1)$

$=(x^2-1)(x^2+1)(x^4+1)$

$=(x^4-1)(x^4+1)$

$=\underline{x^8-1}$

> 暗算力が鍛えられれば，先にどのような形が待っているかという予測ができるようになります♪

(13) $(x-1)(x-2)(x-3)(x-4)$

$=(x-1)(x-4)\cdot(x-2)(x-3)$

$=(x^2-5x+4)(x^2-5x+6)$

$=\{(x^2-5x)+4\}\{(x^2-5x)+6\}$

$=(x^2-5x)^2+10(x^2-5x)+24$

$=\underline{x^4-10x^3+35x^2-50x+24}$

> 同じカタマリ x^2-5x が出てくるように組み合わせましょう！

別解 　もちろん，**例題❷** と同様に，次のように計算してもOK！

$(x-1)(x-2)(x-3)(x-4)$

$=(x^2-3x+2)(x^2-7x+12)$

$=x^4+(-7-3)x^3+(12+21+2)x^2+(-36-14)x+24$

$=x^4-10x^3+35x^2-50x+24$

A $x+y=2$, $xy=-1$ のとき,

(1) $x^2+y^2=(x+y)^2-2xy$
$=2^2-2\cdot(-1)$
$=\underline{\underline{6}}$

> $(x+y)^2=x^2+2xy+y^2$ から
> 余分な $2xy$ を引く！

(2) $x^3+y^3=(x+y)^3-3xy(x+y)$
$=2^3-3\cdot(-1)\cdot2$
$=\underline{\underline{14}}$

> $(x+y)^3=x^3+3x^2y+3xy^2+y^3$
> から余分な $3x^2y+3xy^2$ を引く！

(3) $\dfrac{y}{x}+\dfrac{x}{y}=\dfrac{y^2}{xy}+\dfrac{x^2}{xy}$

> 通分すると……

$=\dfrac{x^2+y^2}{xy}$

> (1)の結果が使える♪
> このように，少し先を予測する力も
> 含めての「計算力」です

$=\dfrac{6}{-1}$

$=\underline{\underline{-6}}$

(4) $x^4+y^4=(x^2+y^2)^2-2x^2y^2$
$=6^2-2\cdot(-1)^2$
$=\underline{\underline{34}}$

> 4乗は「2乗の2乗」と考えることが
> 多いんです！

B $x=\dfrac{\sqrt{3}+1}{\sqrt{3}-1}$, $y=\dfrac{\sqrt{3}-1}{\sqrt{3}+1}$ のとき,

$x+y=\dfrac{\sqrt{3}+1}{\sqrt{3}-1}\cdot\dfrac{\sqrt{3}+1}{\sqrt{3}+1}+\dfrac{\sqrt{3}-1}{\sqrt{3}+1}\cdot\dfrac{\sqrt{3}-1}{\sqrt{3}-1}$

$=\dfrac{(4+2\sqrt{3})+(4-2\sqrt{3})}{2}$

$=4$

$xy=\dfrac{\sqrt{3}+1}{\sqrt{3}-1}\cdot\dfrac{\sqrt{3}-1}{\sqrt{3}+1}$

$=1$

> 求めるものが対称式の値だから，まず
> 基本対称式の値を求めておきます

なので,

$x^2+y^2=(x+y)^2-2xy=4^2-2\cdot1=\underline{\underline{14}}$

$x^3+y^3=(x+y)^3-3xy(x+y)=4^3-3\cdot1\cdot4=\underline{\underline{52}}$

C　正の実数 x が $x^2 + \dfrac{1}{x^2} = 5$ を満たすとき,

$$\left(x + \frac{1}{x}\right)^2 = x^2 + 2 \cdot x \cdot \frac{1}{x} + \left(\frac{1}{x}\right)^2$$

$$= x^2 + \frac{1}{x^2} + 2$$

$$= 5 + 2$$

$$= 7$$

x は正の実数だから，$x + \dfrac{1}{x} > 0$ である。

よって，

$$x + \frac{1}{x} = \underline{\underline{\sqrt{7}}}$$

> $\left(x + \dfrac{1}{x}\right)^2 = 7$ は，本来，
> $$x + \frac{1}{x} = \pm\sqrt{7}$$
> なので，$x + \dfrac{1}{x}$ の符号に注目！

となる。さらに，このとき，

$$\left(x + \frac{1}{x}\right)^3 = x^3 + 3 \cdot x^2 \cdot \frac{1}{x} + 3 \cdot x \cdot \left(\frac{1}{x}\right)^2 + \left(\frac{1}{x}\right)^3$$

$$= x^3 + 3\left(x + \frac{1}{x}\right) + \frac{1}{x^3}$$

から，

$$x^3 + \frac{1}{x^3} = \left(x + \frac{1}{x}\right)^3 - 3\left(x + \frac{1}{x}\right)$$

$$= (\sqrt{7})^3 - 3\sqrt{7}$$

$$= 7\sqrt{7} - 3\sqrt{7}$$

$$= \underline{\underline{4\sqrt{7}}}$$

> 結局のところ，
> $$x^3 + y^3 = (x+y)^3 - 3xy(x+y)$$
> の y を $\dfrac{1}{x}$ に書きかえたものです

　次は $x^5 + \dfrac{1}{x^5}$ です。$x^2 + \dfrac{1}{x^2}$ や $x^3 + \dfrac{1}{x^3}$ と同様に考えて，$\left(x + \dfrac{1}{x}\right)^5$ を展開した式からジャマなものを引いてもイイのですが，5乗の展開もメンドウですし，「ジャマなもの」も多く出てきて処理しづらいのです。

$$\left(x^2 + \frac{1}{x^2}\right)\left(x^3 + \frac{1}{x^3}\right) = x^5 + x + \frac{1}{x} + \frac{1}{x^5}$$

> すでにわかっているものをうまく使います！

なので，

$$x^5 + \frac{1}{x^5} = \left(x^2 + \frac{1}{x^2}\right)\left(x^3 + \frac{1}{x^3}\right) - \left(x + \frac{1}{x}\right)$$

$$= 5 \cdot 4\sqrt{7} - \sqrt{7}$$

$$= 20\sqrt{7} - \sqrt{7}$$

$$= \underline{\underline{19\sqrt{7}}}$$

Ⓓ $(a+b+c)^2=a^2+b^2+c^2+2ab+2bc+2ca$ から,

$$\underbrace{(a+b+c)^2}_{1}=\underbrace{a^2+b^2+c^2}_{5}+2(ab+bc+ca)$$

$$\therefore\quad ab+bc+ca=\frac{1-5}{2}=\underline{\underline{-2}}$$

まだ基本対称式がそろっていない(abc がまだ！)ので，使っていない条件式からとりあえず abc を求めることを考えると……

$\dfrac{1}{a}+\dfrac{1}{b}+\dfrac{1}{c}=1$ の両辺に abc をかけて，

$$bc+ca+ab=abc\qquad\therefore\quad abc=-2$$

$(a+b+c)(a^2+b^2+c^2-ab-bc-ca)=a^3+b^3+c^3-3abc$ から,

$$\underbrace{(a+b+c)}_{1}\{\underbrace{a^2+b^2+c^2}_{5}-\underbrace{(ab+bc+ca)}_{-2}\}=a^3+b^3+c^3-3\underbrace{abc}_{-2}$$

$$\therefore\quad a^3+b^3+c^3=7-6=\underline{\underline{1}}$$

発展 $a^3+b^3+c^3$ を求めるさいに，厳密には「数学Ⅱ」の内容ですが，次のような解き方もできます。

a, b, c を解とする 3 次方程式は，

$$(x-a)(x-b)(x-c)=0$$

と表せて，これを展開すると，

$$x^3-\underbrace{(a+b+c)}_{1}x^2+\underbrace{(ab+bc+ca)}_{-2}x-\underbrace{abc}_{-2}=0$$

$$\therefore\quad x^3-x^2-2x+2=0$$

この方程式の解の 1 つが a なので，

$$a^3-a^2-2a+2=0$$

$$\therefore\quad a^3=a^2+2a-2\quad\cdots\cdots①$$

b, c についても同様に，

$$b^3=b^2+2b-2\quad\cdots\cdots②$$

$$c^3=c^2+2c-2\quad\cdots\cdots③$$

が成り立つ。

①・②・③を足すことによって，

$$a^3+b^3+c^3=a^2+b^2+c^2+2(a+b+c)-6$$

$$=5+2\cdot1-6$$

$$=\underline{\underline{1}}$$

▶問題は本冊 p.33

(1)　$6x^2y - 15xy^2 = 3xy \cdot 2x - 3xy \cdot 5y$

$\qquad\qquad\qquad = \underline{3xy(2x - 5y)}$

(2)　$(a+2)x - 3a - 6 = (a+2)x - 3(a+2)$

$\qquad\qquad\qquad\quad = \underline{(a+2)(x-3)}$

> カタマリで見て，くくり出す！

(3)　$x^2 - 8x + 12 = \underline{(x-2)(x-6)}$

(4)　$a^2 + 8ab - 33b^2 = \underline{(a+11b)(a-3b)}$

(5)　$x^2 + 8xy + 16y^2 = \underline{(x+4y)^2}$

(6)　$3x^2 - 3x - 36 = 3(x^2 - x - 12)$

$\qquad\qquad\qquad = \underline{3(x+3)(x-4)}$

> 最初に 3 をくくり出すことを忘れずに！

(7)　$3x^2 + 10x + 3 = \underline{(x+3)(3x+1)}$

(8)　$6a^2 - ab - 12b^2 = \underline{(3a+4b)(2a-3b)}$

(9)　$ax^2 - (a^2-1)x - a = \underline{(x-a)(ax+1)}$

> 係数に文字が入っても
> 因数分解できます！

(10)　$4x^2 - 144 = 4(x^2 - 36)$

$\qquad\qquad\quad = 4(x^2 - 6^2)$

$\qquad\qquad\quad = \underline{4(x+6)(x-6)}$

> 最初に 4 をくくり出すことを忘れずに！

(11)　$9x^2 - 16y^2 = (3x)^2 - (4y)^2$

$\qquad\qquad\quad = \underline{(3x+4y)(3x-4y)}$

(12)　$(x+1)^2 - (y-2)^2 = \{(x+1)+(y-2)\}\{(x+1)-(y-2)\}$

$\qquad\qquad\qquad\quad = \underline{(x+y-1)(x-y+3)}$

(1) $(x^2-x+2)(x^2-x-8)-56$

$=\{(x^2-x)+2\}\{(x^2-x)-8\}-56$

$=(x^2-x)^2-6(x^2-x)-72$

$=\{(x^2-x)+6\}\{(x^2-x)-12\}$

$=\underline{\underline{(x^2-x+6)(x+3)(x-4)}}$

(2) $(x-2)(x+3)(x+4)(x-6)+54x^2$

$=(x-2)(x-6)\cdot(x+3)(x+4)+54x^2$

$=(x^2-8x+12)(x^2+7x+12)+54x^2$

共通のカタマリ x^2+12 ができました！

$=\{(x^2+12)-8x\}\{(x^2+12)+7x\}+54x^2$

$=(x^2+12)^2-x(x^2+12)-2x^2$

$=\{(x^2+12)+x\}\{(x^2+12)-2x\}$

$=\underline{\underline{(x^2+x+12)(x^2-2x+12)}}$

(3) $x^4-13x^2-48=(x^2)^2-13(x^2)-48$

$=(x^2+3)(x^2-16)$

$=(x^2+3)(x^2-4^2)$

$=\underline{\underline{(x^2+3)(x+4)(x-4)}}$

(4) $4x^4+7x^2+16=(4x^4+16x^2+16)-9x^2$

$=(2x^2+4)^2-(3x)^2$

$=\{(2x^2+4)+3x\}\{(2x^2+4)-3x\}$

$=\underline{\underline{(2x^2+3x+4)(2x^2-3x+4)}}$

(5) $6xy-8x-3y+4=2x(3y-4)-(3y-4)$

$=\underline{\underline{(2x-1)(3y-4)}}$

(6) $3x^2+8xy-3y^2-x+7y-2$

$=3x^2+(8y-1)x-\underbrace{(3y^2-7y+2)}_{(y-2)(3y-1)}$

$=\{x+(3y-1)\}\{3x-(y-2)\}$

$=\underline{\underline{(x+3y-1)(3x-y+2)}}$

「数学Ⅱ」では「複素数の範囲で因数分解」という概念が出てきます。

そのときには x^2-x+6 をさらに,

$$\left(x-\frac{1-\sqrt{23}\,i}{2}\right)\left(x-\frac{1+\sqrt{23}\,i}{2}\right)$$

と変形します（*i* は**虚数**単位）。

しかし, とくに言われていない場合は,「有理数の範囲で因数分解」と考えるのが慣習です。

この場合, x^2-x+6 はこれ以上因数分解できず, x^2-x+6 のままです

$t=x^2+12$ とおけば,

$t^2-xt-2x^2=(t+x)(t-2x)$

このような, x^2 についての2次式を複2次式と言います

複2次式が因数分解できないときは

$(\quad)^2-(\quad)^2$

の形を目指します！

1	✕	$+(3y-1)$	⟶	$+9y-3$
3		$-(y-2)$	⟶	$-y+2$
3		$-(y-2)(3y-1)$		$+8y-1$

(7) $\quad 6x^2+13xy+6y^2+5x+5y+1$

$\quad =6x^2+(13y+5)x+\underbrace{(6y^2+5y+1)}_{(2y+1)(3y+1)}$

$\quad =\{2x+(3y+1)\}\{3x+(2y+1)\}$

$\quad =\underline{\underline{(2x+3y+1)(3x+2y+1)}}$

2		$+(3y+1)$	$\longrightarrow$	$+9y+3$
3	$\times$	$+(2y+1)$	$\longrightarrow$	$+4y+2$
6		$(2y+1)(3y+1)$		$+13y+5$

(8) $\quad (a+b+c)(ab+bc+ca)-abc$

$\quad =\{a+(b+c)\}\{a(b+c)+bc\}-abc$

$\quad =a^2(b+c)+a(b+c)^2+bc(b+c)\underbrace{+abc-abc}$

ちょうど消えますね

$\quad =(b+c)\{a^2+a(b+c)+bc\}$

$\quad =\underline{\underline{(b+c)(a+b)(a+c)}}$

並べかえて $(a+b)(b+c)(c+a)$ としても
けっこうです

(9) $\quad x^3(y-z)+y^3(z-x)+z^3(x-y)$

$\quad =x^3(y-z)+y^3z-xy^3+z^3x-yz^3$

$\quad =x^3(y-z)-x\underbrace{(y^3-z^3)}+yz\underbrace{(y^2-z^2)}$

$\qquad\qquad\quad (y-z)(y^2+yz+z^2)\ (y+z)(y-z)$

$\quad =(y-z)\{x^3-x\underbrace{(y^2+yz+z^2)}+yz(y+z)\}$

$\qquad\qquad\qquad x$ よりも y, z のほうが低次です

$\quad =(y-z)(x^3-xy^2-xyz-z^2x+y^2z+yz^2)$

$\quad =(y-z)\{(z-x)y^2+(z-x)yz-x\underbrace{(z^2-x^2)}\}$

$\qquad\qquad\qquad\qquad\qquad (z+x)(z-x)$

$\quad =(y-z)(z-x)\{y^2+yz-x(z+x)\}$

$\qquad\qquad\qquad x$, y よりも z のほうが低次です

$\quad =(y-z)(z-x)\{(y-x)z+\underbrace{(y^2-x^2)}\}$

$\qquad\qquad\qquad\qquad\qquad (y+x)(y-x)$

$\quad =(y-z)(z-x)(y-x)\{z+(y+x)\}$

$\quad =\underline{\underline{-(x-y)(y-z)(z-x)(x+y+z)}}$

y^3-z^3
$=y^3+(-z)^3$
$=\{y+(-z)\}^3-3y(-z)\{y+(-z)\}$
$=(y-z)^3+3yz(y-z)$
$=(y-z)\{(y-z)^2+3yz\}$
$=(y-z)(y^2+yz+z^2)$

「$-$」をくくり出さなくても OK

(10) $\quad 8a^3+125b^3=(2a)^3+(5b)^3$

$\quad =(2a+5b)^3-3\cdot2a\cdot5b\cdot(2a+5b)$

$\quad =(2a+5b)\{\underbrace{(2a+5b)^2-30ab}\}$

$\qquad\qquad\qquad 4a^2+20ab+25b^2$

$\quad =\underline{\underline{(2a+5b)(4a^2-10ab+25b^2)}}$

(11) $\quad x^3-27=x^3+(-3)^3$

$\quad\quad =\{x+(-3)\}^3-3\cdot x\cdot(-3)\cdot\{x+(-3)\}$

$\quad\quad =(x-3)^3+9x(x-3)$

$\quad\quad =(x-3)\{\underset{x^2-6x+9}{(x-3)^2+9x}\}$

$\quad\quad =\underline{\underline{(x-3)(x^2+3x+9)}}$

(12) $\quad \underset{}{a^3+b^3+c^3-3abc}$

まず，この部分に注目して……

$\quad =(a+b)^3-3ab(a+b)+c^3-3abc$

$\quad =\{(a+b)+c\}^3-3(a+b)c\{(a+b)+c\}-3ab\{(a+b)+c\}$

$\quad\quad\quad\quad a+b+c$ が共通因数

$\quad =(a+b+c)\{(a+b+c)^2-3(a+b)c-3ab\}$

$\quad =(a+b+c)\{(a^2+b^2+c^2+2ab+2bc+2ca)-3ca-3bc-3ab\}$

$\quad =\underline{\underline{(a+b+c)(a^2+b^2+c^2-ab-bc-ca)}}$

テーマ **7**　平方完成

▶問題は本冊 *p*.43

(1)　$y = x^2 - 14x + 20$

　　$x^2 - 14x$ に注目して，とりあえず，$= (x-7)^2$ と書いてしまいます。

　　そして，定数項のツジツマを合わせると……

　　$= \underline{(x-7)^2 - 29}$

　　　　▶ 展開すると……$+49$ だから，$+20$ にするためには -29 が必要！

(2)　$y = -3x^2 + 12x - 7$

　　$-3x^2 + 12x = -3(x^2 - 4x)$ に注目して，とりあえず，$= -3(x-2)^2$ と書いてしまいます。

　　そして，定数項のツジツマを合わせると……

　　$= \underline{-3(x-2)^2 + 5}$

　　　　▶ 展開すると……-12 だから，-7 にするためには $+5$ が必要！

(3)　$y = -\dfrac{1}{2}x^2 - 5x + 3$

　　$-\dfrac{1}{2}x^2 - 5x = -\dfrac{1}{2}(x^2 + 10x)$ に注目して，とりあえず，$= -\dfrac{1}{2}(x+5)^2$ と書いてしまいます。

　　そして，定数項のツジツマを合わせると……

　　$= \underline{-\dfrac{1}{2}(x+5)^2 + \dfrac{31}{2}}$

　　　　▶ 展開すると……$-\dfrac{25}{2}$ だから，$+3$ にするためには $+\dfrac{31}{2}$ が必要！

(4)　$y = ax^2 + 6ax + b$

　　$ax^2 + 6ax = a(x^2 + 6x)$ に注目して，とりあえず，$= a(x+3)^2$ と書いてしまいます。

　　そして，定数項のツジツマを合わせると……

　　$= \underline{a(x+3)^2 - 9a + b}$

　　　　▶ 展開すると……$+9a$ だから，$+b$ にするためには $-9a + b$ が必要！

$y=x^2-2(3a^2+5a)x+18a^4+30a^3+49a^2+16$

$x^2-2(3a^2+5a)x$ に注目して，とりあえず $=\{x-(3a^2+5a)\}^2$ と書いてしまいます。

そして，定数項のツジツマを合わせると……

$=\underline{\{x-(3a^2+5a)\}^2+9a^4+24a^2+16}$

　　└─→ 展開すると……$+(3a^2+5a)^2=$…$+9a^4+30a^3+25a^2$ だから，

　　　　　$18a^4+30a^3+49a^2+16$ にするためには $9a^4+24a^2+16$ が必要！

(6) $y=2x^2+4ax+a-1$

$2x^2+4ax=2(x^2+2ax)$ に注目して，とりあえず $=2(x+a)^2$ と書いてしまいます。

そして，定数項のツジツマを合わせると……

$=\underline{2(x+a)^2-2a^2+a-1}$

　　└─→ 展開すると……$+2a^2$ だから，

　　　　　$+a-1$ にするためには $-2a^2+a-1$ が必要！

(1)　$y=2x^2+1$ は，

　　　$\underbrace{\qquad}$　あえて書くなら $y=2(x-0)^2+1$

　　　頂点 $(0,\ 1)$，下に凸の放物線だから右図のとおり。

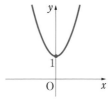

(2)　$y=-x^2+6x-9$

　　　　$=-(x^2-6x+9)$

　　　　$=-(x-3)^2$

　　　と表せるので，頂点 $(3,\ 0)$，上に凸の放物線であり，

　　　右図のとおり。

　　　　また，$x=0$ のとき $y=-9$ である。

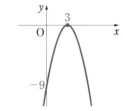

(3)　$y=\dfrac{1}{2}x^2+3x+\dfrac{13}{2}$

　　　　$=\dfrac{1}{2}(x+3)^2+2$

　　　と表せるので，頂点 $(-3,\ 2)$，下に凸の放物線であり，

　　　右図のとおり。

　　　　また，$x=0$ のとき $y=\dfrac{13}{2}$ である。

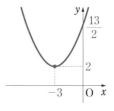

(4)　$y=2x^2-8x+6$

　　　　$=2(x^2-4x+3)$

　　　　$=2(x-1)(x-3)$

> 平方完成した場合は，
> $y=2(x-2)^2-2$

　　　と表せるので，x 軸との交点が $x=1,\ 3$ であり，

　　　下に凸の放物線。

　　　　軸は，$x=\dfrac{1+3}{2}=2$ であり，$x=2$ のとき

　　　$y=2(2-1)(2-3)=-2$ であるから右図のとおり。

　　　　また，$x=0$ のとき $y=6$ である。

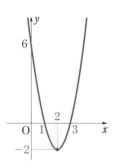

(5) $y = -3x^2 + 3x + 2$

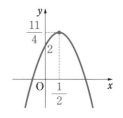

キレイな形には
因数分解できません

$$= -3\left(x - \frac{1}{2}\right)^2 + \frac{11}{4}$$

と表せるので，頂点 $\left(\dfrac{1}{2}, \dfrac{11}{4}\right)$，上に凸の放物線

であり，右図のとおり。

また，$x = 0$ のとき $y = 2$ である。

(6) $y = -\dfrac{1}{3}x^2 + x$

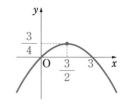

定数項がないときは，筆者はほぼ 100%，
因数分解しています

$$= -\frac{1}{3}x(x-3)$$

と表せるので，x 軸との交点が $x = 0$，3 であり，
上に凸の放物線。

軸は，$x = \dfrac{0+3}{2} = \dfrac{3}{2}$ であり，$x = \dfrac{3}{2}$ のとき

$y = -\dfrac{1}{3} \cdot \dfrac{3}{2}\left(\dfrac{3}{2} - 3\right) = \dfrac{3}{4}$ であり，右図の

とおり。

テ9 9 2次関数の最大・最小

▶問題は本冊p.51

A (1) $f(x) = 2x^2 - 4x + 3$
$\qquad = 2(x-1)^2 + 1$

と表せるので，$y = f(x) \, (0 \leq x \leq 3)$ の
グラフは右図の太線部分。よって，

最大値：$f(3) = 2 \cdot 3^2 - 4 \cdot 3 + 3$
$\qquad\qquad\qquad = \underline{\underline{9}}$

最小値：$f(1) = \underline{\underline{1}}$

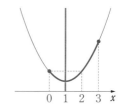

(2) $g(x) = -x^2 + 4x - 2$
$\qquad = -(x-2)^2 + 2$

と表せるので，$y = g(x) \, (-2 \leq x \leq 4)$ の
グラフは右図の太線部分。よって，

最大値：$g(2) = \underline{\underline{2}}$

最小値：$g(-2) = -(-2)^2 + 4 \cdot (-2) - 2$
$\qquad\qquad\qquad = \underline{\underline{-14}}$

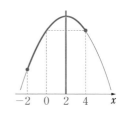

(3) $h(x) = x^2 - 6x + 2$
$\qquad = (x-3)^2 - 7$

と表せ，$a < 2$ から $a + 1 < 3$ なので，
$y = h(x) \, (a \leq x \leq a+1)$ のグラフは右図の
太線部分。よって，

最大値：$h(a) = \underline{\underline{a^2 - 6a + 2}}$

最小値：$h(a+1) = (a+1)^2 - 6(a+1) + 2$
$\qquad\qquad\qquad = \underline{\underline{a^2 - 4a - 3}}$

> 定義域が文字で表されていても，条件から，
> **定義域が軸よりも左側にある**
> ということがわかりますね

B $f(x) = -2x^2 + 4kx - k^2 - 2k + 2$
$\qquad = -2(x^2 - 2kx) - k^2 - 2k + 2$
$\qquad = -2(x-k)^2 + k^2 - 2k + 2$

軸が $x = k$ という文字で表されているので，

> 文字 k を含んでいても平方完成で
> きるように練習しましょう！

k の値によって「グラフの見え方」が変わるはず ➡ 場合分け！

文字 k の値が大きくなるほど軸が右に動くようすをイメージして……

（ⅰ）　軸が定義域より 　　　左側にある場合	（ⅱ）　軸が定義域の 　　　なかにある場合	（ⅲ）　軸が定義域より 　　　右側にある場合
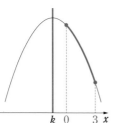	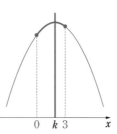	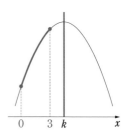

（ⅰ）　$k \leqq 0$ の場合，上図(ⅰ)の太線部分だけが「見えている」ので，

$$\text{最大値}：f(0) = -k^2 - 2k + 2$$

（ⅱ）　$0 \leqq k \leqq 3$ の場合，上図(ⅱ)の太線部分だけが「見えている」ので，

$$\text{最大値}：f(k) = k^2 - 2k + 2$$

（ⅲ）　$3 \leqq k$ の場合，上図(ⅲ)の太線部分だけが「見えている」ので，

$$\text{最大値}：f(3) = -2 \cdot 3^2 + 4k \cdot 3 - k^2 - 2k + 2$$
$$= -k^2 + 10k - 16$$

以上，まとめて，

$$M(k) = \begin{cases} -k^2 - 2k + 2 & (k \leqq 0) \\ k^2 - 2k + 2 & (0 \leqq k \leqq 3) \\ -k^2 + 10k - 16 & (3 \leqq k) \end{cases}$$

補足　　場合分けのときの「＝」のつけ方について解説します。

　たとえば $k=0$ のときのグラフは右のようになります。このとき最大値をとる場所は「頂点」と考えても「見えているなかの左端」と考えても，どちらでもイイですね。

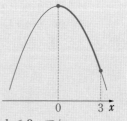

　だから「$k \leqq 0$ と $0 \leqq k \leqq 3$」でも，「$k < 0$ と $0 \leqq k \leqq 3$」でも，「$k \leqq 0$ と $0 < k \leqq 3$」でも，どれでもイイのです。

テーマ **10**　1次方程式・不等式

▶問題は本冊*p.*57

(1)　$2(x-2)=5x+2 \iff 2x-4=5x+2$

$\iff -6=3x$

$\iff -2=x$

$\therefore \ x=\underline{\underline{-2}}$

(2)　$\dfrac{3}{2}x+\dfrac{1}{4}=2x+1 \iff 6x+1=8x+4$

$\iff -3=2x$

$\iff -\dfrac{3}{2}=x$

$\therefore \ x=\underline{\underline{-\dfrac{3}{2}}}$

(3)　$3x+1>4x+3 \iff -2>x$

$\therefore \ \underline{\underline{x<-2}}$

> 「$-2>x$」と「$x<-2$」のどちらも，xは-2より小さいという同じ意味です

(4)　$2(x+1)<6x-4 \iff 2x+2<6x-4$

$\iff 6<4x$

$\iff \dfrac{3}{2}<x$

$\therefore \ \underline{\underline{\dfrac{3}{2}<x}}$

補足　最初に両辺を 2 で割って$\left(\dfrac{1}{2}$ をかけて$\right)$，

$x+1<3x-2$

としてから計算してもイイですね。

(5)　$7x+3\geqq 9x+a \iff 3-a\geqq 2x$

$\iff \dfrac{3-a}{2}\geqq x$

> 文字 a が含まれていても，やることは変わりません

$\therefore \ \underline{\underline{x\leqq \dfrac{3-a}{2}}}$

(6) $ax+6 \leqq 2x+3a$

$\Longleftrightarrow$ $(a-2)x \leqq 3(a-2)$ ……(*)

ここで，両辺に $\dfrac{1}{a-2}$ をかけたいけれど，文字式だから符号に注意！

(i) $0 < a-2$ すなわち $2 < a$ の場合，

$(*)$ $\Longleftrightarrow$ $\dfrac{(a-2)x}{a-2} \leqq \dfrac{3(a-2)}{a-2}$ ← 両辺に正の数をかけたので不等号の向きは変わらない

$\Longleftrightarrow$ $x \leqq 3$

(ii) $a-2 < 0$ すなわち $a < 2$ の場合，

$(*)$ $\Longleftrightarrow$ $\dfrac{(a-2)x}{a-2} \geqq \dfrac{3(a-2)}{a-2}$ ← 両辺に負の数をかけたので，不等号の向きが変わる

$\Longleftrightarrow$ $x \geqq 3$

(iii) $a-2=0$ すなわち $a=2$ の場合，

$(*)$ $\Longleftrightarrow$ $0 \cdot x \leqq 3 \cdot 0$

$\Longleftrightarrow$ $0 \leqq 0$ ← 「0が0以下」という不等式はつねに成り立つので，この不等式を「満たす x」はすべての実数です
たとえば「$0 < 0$」なら，「満たす x」が存在しないので解なしとなります

この不等式は，x の値に関係なく成立するから，適する x はすべての実数である。

以上，まとめて，

$$\begin{cases} x \leqq 3 & (2 < a \text{ の場合}) \\ 3 \leqq x & (a < 2 \text{ の場合}) \\ \text{すべての実数} & (a = 2 \text{ の場合}) \end{cases}$$

(1) $x^2-25=0 \iff x^2=25$

$\qquad\qquad\quad \iff x=\pm 5$

$\therefore\ \underline{\underline{x=\pm 5}}$

(2) $3x^2-6x=0 \iff x^2-2x=0$

$\qquad\qquad\quad \iff x(x-2)=0$

$\qquad\qquad\quad \iff x=0$ または $x-2=0$

$\qquad\qquad\quad \iff x=0$ または $x=2$

$\therefore\ x=\underline{\underline{0}}$ または $x=\underline{\underline{2}}$

(3) $x^2+6x+1=0 \iff (x+3)^2=8$

$\qquad\qquad\qquad \iff x+3=\pm 2\sqrt{2}$

$\qquad\qquad\qquad \iff x=-3\pm 2\sqrt{2}$ ◀ 解の公式❷でもイイですね

$\therefore\ \underline{\underline{x=-3\pm 2\sqrt{2}}}$

(4) $6x^2+5x-6=0 \iff (3x-2)(2x+3)=0$

$\qquad\qquad\qquad \iff 3x-2=0$ または $2x+3=0$

$\qquad\qquad\qquad \iff x=\dfrac{2}{3}$ または $x=-\dfrac{3}{2}$

$\therefore\ x=\underline{\underline{\dfrac{2}{3}}}$ または $x=\underline{\underline{-\dfrac{3}{2}}}$

(5) 解の公式❶に $a=2,\ b=7,\ c=-1$ を代入して,

$$x=\frac{-7\pm\sqrt{7^2-4\cdot 2\cdot(-1)}}{2\cdot 2}=\underline{\underline{\frac{-7\pm\sqrt{57}}{4}}}$$

(6) 解の公式❷に $a=7,\ b'=3,\ c=-3$ を代入して,

$$x=\frac{-3\pm\sqrt{3^2-7\cdot(-3)}}{7}=\underline{\underline{\frac{-3\pm\sqrt{30}}{7}}}$$

(7) $x^2+8x+16=0 \iff (x+4)^2=0$

$\qquad\qquad\qquad \iff x+4=0$

$\qquad\qquad\qquad \iff x=-4$

$\therefore\ \underline{\underline{x=-4}}$

> 2次方程式は原則として2個の解をもちますが,その2個の解が同じ値のときの解を**重解**と言います

(8) $4x^2-12x+9=0 \iff (2x-3)^2=0$

$\qquad\qquad\qquad \iff 2x-3=0$

$\qquad\qquad\qquad \iff x=\dfrac{3}{2}$

$\therefore\ x=\underline{\underline{\dfrac{3}{2}}}$

第3章 方程式・不等式

(9)　$ax^2+(1-a^2)x-a=0$

　　$\Longleftrightarrow$　$(ax+1)(x-a)=0$

　　$\Longleftrightarrow$　$ax+1=0$　または　$x-a=0$

　　$\Longleftrightarrow$　$x=-\dfrac{1}{a}$　または　$x=a$ ◀── a は 0 でないから「a で割る」ことができます

　　$\therefore$　$x=-\dfrac{1}{a}$　または　$x=a$

(10)　$x^2-2ax-1=0$　$\Longleftrightarrow$　$(x-a)^2=1+a^2$

　　　　　　　　　　　$\Longleftrightarrow$　$x-a=\pm\sqrt{1+a^2}$

　　　　　　　　　　　$\Longleftrightarrow$　$x=a\pm\sqrt{1+a^2}$ ◀── 解の公式❷でもイイですね

　　$\therefore$　$x=a\pm\sqrt{1+a^2}$

テーマ 12 2次方程式の判別式

A (1) $x^2 - 4x + 6 = 0$ において，
$\qquad +2\cdot(-2)$

> $b'^2 - ac$ を利用！

$\qquad$ （判別式）$= (-2)^2 - 1\cdot 6 = -2 < 0$

なので，<u>実数解をもたない（＝異なる2つの虚数解をもつ）</u>。

補足 $\quad$ 左辺は $(x-2)^2 + 2$ と平方完成することができ，$y = (x-2)^2 + 2$ のグラフは，x 軸と交わらないので実数解をもたないことがわかります。

(2) $2x^2 - x + \dfrac{1}{8} = 0$ において，

$\qquad$ （判別式）$= (-1)^2 - 4\cdot 2\cdot \dfrac{1}{8} = 0$

なので，<u>重解をもつ</u>。

補足 $\quad$ 実際，

$$2x^2 - x + \frac{1}{8} = 0 \iff 16x^2 - 8x + 1 = 0$$
$$\iff (4x-1)^2 = 0$$

なので，重解 $x = \dfrac{1}{4}$ をもちます。

(3) $3x^2 - 2x - 1 = 0$ において，
$\qquad +2\cdot(-1)$

$\qquad$ （判別式）$= (-1)^2 - 3\cdot(-1) = 4 > 0$

なので，<u>異なる2つの実数解をもつ</u>。

補足 $\quad$ 実際，

$$3x^2 - 2x - 1 = 0 \iff (x-1)(3x+1) = 0$$
$$\iff x = 1 \quad \text{または} \quad x = -\frac{1}{3}$$

となります。

(4) $5x^2 - x - 3 = 0$ において，

$\qquad$ （判別式）$= (-1)^2 - 4\cdot 5\cdot(-3) = 61 > 0$

なので，<u>異なる2つの実数解をもつ</u>。

B $x^2 + \underbrace{(2-4k)}x + k + 1 = 0$ において，

$\qquad +2 \cdot (1-2k)$

$\qquad$（判別式）$= (1-2k)^2 - 1 \cdot (k+1)$

$\qquad\qquad\qquad\quad = 4k^2 - 5k$

なので，重解をもつ条件は，

$\qquad 4k^2 - 5k = 0$

これを解くと，

$\qquad k(4k-5) = 0 \iff k = 0$ または $4k-5 = 0$

$\qquad\qquad\qquad\quad \iff k = 0$ または $k = \dfrac{5}{4}$ ……①

このとき，与式の重解は，

$\qquad x = \dfrac{-(1-2k)}{1} = -1 + 2k$ ◀

$\boxed{\begin{array}{l} ax^2 + 2b'x + c = 0 \text{ の重解は，} \\ \quad x = \dfrac{-b' \pm \sqrt{0}}{a} = -\dfrac{b'}{a} \end{array}}$

なので，重解が正である条件は，

$\qquad -1 + 2k > 0 \qquad \therefore\ k > \dfrac{1}{2}$ ……②

①かつ②より，

$\qquad k = \underline{\underline{\dfrac{5}{4}}}$

$\qquad$重解 $x = -1 + 2 \cdot \dfrac{5}{4} = \underline{\underline{\dfrac{3}{2}}}$

A (1) $y=x^2+2x-15=(x+5)(x-3)$
のグラフは右図のとおり。

$y \leqq 0$ となる x の範囲は、

$$\underline{-5 \leqq x \leqq 3}$$

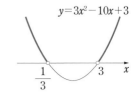

(2) まず、両辺に -1 をかけて、

$$-3x^2+10x-3<0$$
$$\Longleftrightarrow \quad 3x^2-10x+3>0$$

$y=3x^2-10x+3=(3x-1)(x-3)$
のグラフは右図のとおり。

$y>0$ となる x の範囲は、

$$x<\frac{1}{3} \quad または \quad 3<x$$

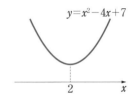

(3) $y=x^2-4x+7=(x-2)^2+3$
のグラフは右図のとおり。

$y \geqq 0$ となる x の範囲は、

$$\underline{すべての実数}$$

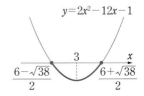

(4) $y=2x^2-12x-1=2(x-3)^2-19$
のグラフは右図のとおり。

$2(x-3)^2-19=0$ とすると、

$$(x-3)^2=\frac{19}{2}$$
$$\Longleftrightarrow \quad x-3=\pm\frac{\sqrt{38}}{2}$$
$$\Longleftrightarrow \quad x=\frac{6\pm\sqrt{38}}{2}$$

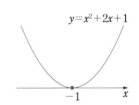

$y \leqq 0$ となる x の範囲は、

$$\frac{6-\sqrt{38}}{2} \leqq x \leqq \frac{6+\sqrt{38}}{2}$$

(5) $y=x^2+2x+1=(x+1)^2$ のグラフは
右図のとおり。

$y \leqq 0$ となる x の範囲は、

$$x=\underline{\underline{-1}}$$

第
3
章

方
程
式
・
不
等
式

(6) $y=2x^2-8x+11=2(x-2)^2+3$
のグラフは右図のとおり。

$y<0$ となる部分はないから,

<u>解なし</u>

(7) $a>0$ のとき,

$$y=x^2-4ax+3a^2=(x-a)(x-3a)$$

のグラフは <u>$a<3a$</u> に注意して, 右図の

とおり。 $a>0$ だから成り立ちます

$y\leqq 0$ となる x の範囲は,

<u>$a\leqq x\leqq 3a$</u>

(8) $y=x^2-ax=x(x-a)$ のグラフは, 0 と a の大小に注目すると,

次の3パターンが考えられる。

(ⅰ) $a<0$ の場合   (ⅱ) $a=0$ の場合   (ⅲ) $0<a$ の場合

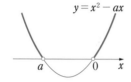
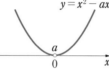
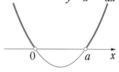

したがって, $y>0$ となる x の範囲は,

$$
\begin{cases}
a<0\text{の場合} \quad x<a \quad \text{または} \quad 0<x \\
a=0\text{の場合} \quad x<0 \quad \text{または} \quad 0<x \\
0<a\text{の場合} \quad x<0 \quad \text{または} \quad a<x
\end{cases}
$$

B (1) 解が $-1<x<5$ となる図は右のとおり。

したがって, 適する2次不等式の1つは,

$$(x+1)(x-5)<0$$
$$\therefore \quad x^2-4x-5<0$$

しかし, このままだと $ax^2+8x+b>0$ と不等号の

向きと x の係数が一致しないから……

両辺に -2 をかけて,

$$-2x^2+8x+10>0 \quad \therefore \quad a=\underline{\underline{-2}},\ b=\underline{\underline{10}}$$

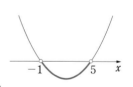

(2) 与式を整理すると,

$$a(x^2+2)>2x-1 \quad \Longleftrightarrow \quad ax^2-2x+2a+1>0$$

である。

$f(x)=ax^2-2x+2a+1$ とすると,

$$f(x) = \begin{cases} a\left(x - \dfrac{1}{a}\right)^2 + 2a - \dfrac{1}{a} + 1 & (a \neq 0) \\[4mm] -2x + 1 & (a = 0) \end{cases}$$

> x^2 の係数が文字 a だから $a=0$ のときは 2 次関数になりません

$a > 0$ の場合	$a < 0$ の場合	$a = 0$ の場合
下に凸の放物線	上に凸の放物線	傾き-2の直線

$a < 0$ の場合や $a = 0$ の場合，$y \leqq 0$ の部分が必ず存在するので，すべての実数 x にたいして $f(x) > 0$ が成り立つ条件は，

$$a > 0 \quad \text{かつ} \quad \underbrace{2a - \frac{1}{a} + 1}_{\text{最小値}} > 0$$

である。

$a > 0$ のもとで，

$$2a - \frac{1}{a} + 1 > 0 \iff 2a^2 + a - 1 > 0$$
$$\iff (a+1)(2a-1) > 0$$
$$\iff 2a - 1 > 0$$
$$\iff a > \frac{1}{2}$$

> $a+1$ は正だから割っても OK！

$$\therefore \quad \underline{\underline{a > \frac{1}{2}}}$$

第 3 章　方程式・不等式

(1)　$y=x+2$ と $y=|3x-4|$ のグラフは右図のとおり。

　　交点は,

$$x+2=-3x+4 \text{ と } x+2=3x-4$$

　　を解いて $x=\dfrac{1}{2}$, 3 である。

　　よって, 与式の解は,

$$x=\dfrac{1}{2}, \ 3$$

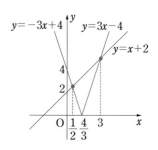

(2)　$y=|x+4|+|x-1|$ と $y=-x^2+14$ の
グラフは右図のとおり。

　　交点は,

$$5=-x^2+14 \quad (-4 \leqq x \leqq 1)$$

　　を解いて $x=-3$, そして,

$$2x+3=-x^2+14 \quad (1 \leqq x)$$

　　を解いて $x=-1+2\sqrt{3}$ である。

　　よって, 与式の解は,

$$x=-3, \ -1+2\sqrt{3}$$

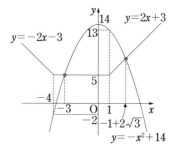

(3)　$y=|x-a|$ と $y=2$ のグラフは右図のとおり。

　　交点は,

$$-x+a=2 \text{ と } x-a=2$$

　　を解いて $x=a-2$, $a+2$ である。

　　与式は,

　　　　$y=|x-a|$ が上, $y=2$ が下という意味で,

それは右図の太線部分。

　　よって, 与式の解は,

$$x < a-2 \quad \text{または} \quad a+2 < x$$

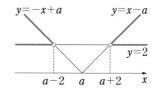

(4) $y=|3x-5|$ と $y=2x+1$ のグラフは
右図のとおり。交点は,
$$-3x+5=2x+1 \quad と \quad 3x-5=2x+1$$
を解いて $x=\dfrac{4}{5}$, 6 である。

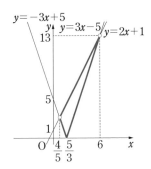

　与式は,
$$y=|3x-5| \text{ が下, } y=2x+1 \text{ が上}$$
という意味で,それは右図の太線部分。
　よって,与式の解は,
$$\underline{\underline{\dfrac{4}{5}<x<6}}$$

(5) $y=|x^2-2|$ と $y=x$ のグラフは右図のとおり。
　交点は,
$$-x^2+2=x \quad (-\sqrt{2}\leqq x \leqq \sqrt{2})$$
を解いて $x=1$,そして,
$$x^2-2=x \quad (x\leqq -\sqrt{2}, \sqrt{2}\leqq x)$$
を解いて $x=2$ である。

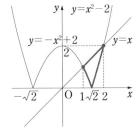

　与式は,
$$y=|x^2-2| \text{ が下, } y=x \text{ が上}$$
という意味で,それは右図の太線部分。
　よって,与式の解は,
$$\underline{\underline{1\leqq x \leqq 2}}$$

(6) $y=|3x-4|$ と $y=|x+2|$ のグラフは
右図のとおり。交点は,
$$-3x+4=x+2 \quad と \quad 3x-4=x+2$$
を解いて $x=\dfrac{1}{2}$, 3 である。

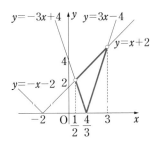

　与式は,
$$y=|3x-4| \text{ が下, } y=|x+2| \text{ が上}$$
という意味で,それは右図の太線部分。
　よって,与式の解は,
$$\underline{\underline{\dfrac{1}{2}<x<3}}$$

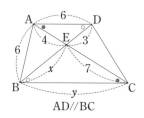

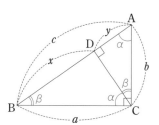

第**4**章 図形・三角比

テーマ **15** 三角形の相似

▶問題は本冊*p.*79

(1) 平行線の錯角は等しいので,

$\angle\text{EAD}=\angle\text{ECB}$

$\angle\text{EDA}=\angle\text{EBC}$

$\therefore\ \triangle\text{EAD}\backsim\triangle\text{ECB}$

したがって,

$\text{EA}:\text{EC}=\text{AD}:\text{CB}=\text{DE}:\text{BE}$

が成り立つので,

$4:7=6:y=3:x$

$$\Longleftrightarrow\quad\begin{cases}4:7=3:x\\4:7=6:y\end{cases}$$

$$\Longleftrightarrow\quad\begin{cases}4x=7\cdot3\\4y=7\cdot6\end{cases}\qquad\therefore\quad x=\underline{\underline{\frac{21}{4}}},\ y=\underline{\underline{\frac{21}{2}}}$$

(2) $\angle\text{BAC}=\alpha$, $\angle\text{ABC}=\beta$とおくと,

$\alpha+\beta=90°$

なので, 右図のように,

$\angle\text{BCD}=\alpha$, $\angle\text{ACD}=\beta$

となる。

よって, $\triangle\text{ABC}\backsim\triangle\text{CBD}$なので,

$\text{AB}:\text{CB}=\text{BC}:\text{BD}=\text{CA}:\text{DC}$

が成り立つ。したがって,

$c:a=a:x=b:\text{DC}$

$\therefore\ c:a=a:x\qquad\therefore\ x=\dfrac{a^2}{c}$

また, $\triangle\text{ABC}\backsim\triangle\text{ACD}$なので,

$\text{AB}:\text{AC}=\text{BC}:\text{CD}=\text{CA}:\text{DA}$

が成り立つ。したがって,

$c:b=a:\text{CD}=b:y$

$\therefore\ c:b=b:y\qquad\therefore\ y=\dfrac{b^2}{c}$

参考 このとき，図から $x+y=c$ が成り立つので，

$$\frac{a^2}{c}+\frac{b^2}{c}=c \qquad \therefore \quad a^2+b^2=c^2$$

このようにして「三平方の定理」が証明されます。

(3) $\triangle$ ABE $\backsim\triangle$ DCE なので，

    AB：DC＝BE：CE＝EA：ED

が成り立つ。よって，

    AB：DC＝4：x＝3：6

    $\therefore$ 4：x＝1：2

    $\therefore$ $x=\underline{\underline{8}}$

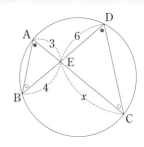

(4) $\triangle$ ABE $\backsim\triangle$ CDE なので，

    AB：CD＝BE：DE＝EA：EC

が成り立つ。よって，

    $5：\sqrt{7}=(y+8)：x=(x+2\sqrt{7})：y$

    $\Longleftrightarrow$ $\begin{cases} 5：\sqrt{7}=(y+8)：x \\ 5：\sqrt{7}=(x+2\sqrt{7})：y \end{cases}$

    $\Longleftrightarrow$ $\begin{cases} 5x=\sqrt{7}\,y+8\sqrt{7} & \cdots\cdots① \\ \sqrt{7}\,x+14=5y & \cdots\cdots② \end{cases}$

    ①×5－②×$\sqrt{7}$ より，

    $18x-14\sqrt{7}=40\sqrt{7}$ $\therefore$ $x=\underline{\underline{3\sqrt{7}}}$, $y=\underline{\underline{7}}$

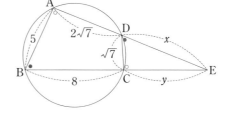

(5) $\triangle$ ACD $\backsim\triangle$ ADB なので，

    AC：AD＝CD：DB＝DA：BA

が成り立つ。よって，

    8：x＝4：3＝x：BA

    $\therefore$ 8：x＝4：3

    $\therefore$ $x=\underline{\underline{6}}$

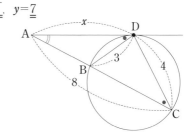

(6) 条件 $\angle$ BAC＝$\angle$ EAD より，

    $\triangle$ ABC $\backsim\triangle$ AED なので，

    AB：AE＝BC：ED＝CA：DA

が成り立つ。よって，

    5：AE＝7：x＝8：3

    $\therefore$ 7：x＝8：3

    $\therefore$ $x=\dfrac{21}{\underline{\underline{8}}}$

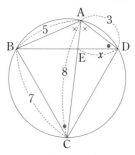

$\angle$BAC＝$\angle$DAC

第**4**章

図形・三角比

(1) △BCE と直線 AFD についてのメネラウスの定理より,

$$\frac{BD}{DC} \cdot \frac{CA}{AE} \cdot \frac{EF}{FB} = 1$$

が成り立つ。よって,

$$\frac{3}{5} \cdot \frac{2}{1} \cdot \frac{EF}{FB} = 1 \qquad \therefore \quad \frac{EF}{FB} = \frac{5}{6}$$

したがって,

$$BF : FE = \underline{6 : 5}$$

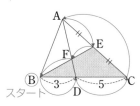

(2) △ABC と点 G についてのチェバの定理より,

$$\frac{AD}{DB} \cdot \frac{BE}{EC} \cdot \frac{CF}{FA} = 1$$

が成り立つ。よって,

$$\frac{3}{5} \cdot \frac{7}{4} \cdot \frac{CF}{FA} = 1 \qquad \therefore \quad \frac{CF}{FA} = \frac{20}{21}$$

したがって,

$$CF : FA = \underline{20 : 21}$$

(3) △ABF と直線 CPD についてのメネラウスの定理より,

$$\frac{BD}{DA} \cdot \frac{AC}{CF} \cdot \frac{FP}{PB} = 1$$

が成り立つ。よって,

$$\frac{1}{2} \cdot \frac{3}{2} \cdot \frac{FP}{PB} = 1 \qquad \therefore \quad \frac{FP}{PB} = \frac{4}{3} \quad \cdots\cdots①$$

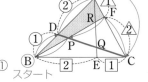

次に, △BCF と直線 ARE についてのメネラウスの定理より,

$$\frac{BE}{EC} \cdot \frac{CA}{AF} \cdot \frac{FR}{RB} = 1$$

が成り立つ。よって,

$$\frac{2}{1} \cdot \frac{3}{1} \cdot \frac{FR}{RB} = 1 \qquad \therefore \quad \frac{FR}{RB} = \frac{1}{6} \quad \cdots\cdots②$$

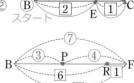

①・②から,

$$BP : PF = 3 : 4, \quad BR : RF = 6 : 1$$

$$\therefore \quad BP : PR : RF = \underline{3 : 3 : 1}$$

テーマ17 三角比の定義

▶問題は本冊p.87

(1) $\sin\theta=\dfrac{1}{2}$ となるのは下図の点P，Q。

y 座標が $\dfrac{1}{2}$

傾き $-\dfrac{1}{\sqrt{3}}$ 　　　傾き $\dfrac{1}{\sqrt{3}}$

30°のことだって気づきましたか？

$$\therefore\quad (\cos\theta,\ \tan\theta)=\left(\frac{\sqrt{3}}{2},\ \frac{1}{\sqrt{3}}\right),\ \left(-\frac{\sqrt{3}}{2},\ -\frac{1}{\sqrt{3}}\right)$$

(2) $\cos\theta=-\dfrac{5}{13}$ となるのは，下図の点P。

x 座標が $-\dfrac{5}{13}$

傾き $-\dfrac{12}{5}$

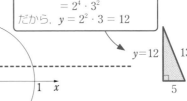

$$13^2-5^2=(13-5)(13+5)$$
$$=8\cdot 18$$
$$=2^4\cdot 3^2$$
だから，$y=2^2\cdot 3=12$

$y=12$

$$\therefore\quad (\sin\theta,\ \tan\theta)=\left(\frac{12}{13},\ -\frac{12}{5}\right)$$

(3) $\tan\theta=3$ となるのは，下図の点P。

傾きが3

傾き3

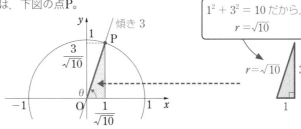

$1^2+3^2=10$ だから，$r=\sqrt{10}$

$r=\sqrt{10}$

$$\therefore\quad (\sin\theta,\ \cos\theta)=\left(\frac{3}{\sqrt{10}},\ \frac{1}{\sqrt{10}}\right)$$

第4章 図形・三角比

A (1) 余弦定理より,

$$\cos C = \frac{(2\sqrt{3})^2 + (4+\sqrt{3})^2 - 5^2}{2 \cdot 2\sqrt{3} \cdot (4+\sqrt{3})}$$

$$= \frac{12 + (19 + 8\sqrt{3}) - 25}{4\sqrt{3}(4+\sqrt{3})}$$

$$= \frac{6 + 8\sqrt{3}}{4\sqrt{3}(4+\sqrt{3})}$$

$$= \frac{2\sqrt{3}(\sqrt{3} + 4)}{4\sqrt{3}(4+\sqrt{3})}$$

$$= \frac{1}{2}$$

$\therefore \quad C = \underline{\underline{60°}}$

また, 正弦定理より,

$$2R = \frac{5}{\sin 60°} \qquad \therefore \quad R = \underline{\underline{\frac{5}{\sqrt{3}}}}$$

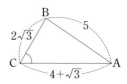

(2) 外接円の半径を R とすると, 正弦定理より,

$$\sin A = \frac{a}{2R}, \quad \sin B = \frac{b}{2R}, \quad \sin C = \frac{c}{2R}$$

したがって,

$$\sin A : \sin B : \sin C = a : b : c$$

が成り立つので, $\sin A : \sin B : \sin C = 5 : 7 : 3$ のとき,

$$a : b : c = 5 : 7 : 3$$

である。よって, 最大辺が b なので最大角は B である。

余弦定理より,

$$\cos B = \frac{3^2 + 5^2 - 7^2}{2 \cdot 3 \cdot 5}$$

$$= \frac{9 + (5-7)(5+7)}{2 \cdot 3 \cdot 5} = \frac{9 - 2 \cdot 12}{2 \cdot 3 \cdot 5}$$

$$= \frac{-15}{2 \cdot 3 \cdot 5}$$

$$= -\frac{1}{2}$$

$\therefore \quad B = \underline{\underline{120°}}$

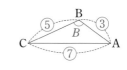

B $\angle ABC=\theta$ とおいて，△ABC における余弦定理より，

$$AC^2=5^2+6^2-2\cdot 5\cdot 6\cos\theta$$

$$\therefore \quad AC^2=61-60\cos\theta \quad \cdots\cdots ①$$

円に内接する四角形は対角の和が $180°$，$\cos(180°-\theta)=-\cos\theta$ であることに注意して，△ACD における余弦定理より，

$$AC^2=2^2+3^2-2\cdot 2\cdot 3\cdot\cos(180°-\theta)$$

$$\therefore \quad AC^2=13+12\cos\theta \quad \cdots\cdots ②$$

①+②×5 から，

$$6AC^2=61+13\cdot 5=126$$

$$\Longleftrightarrow \quad AC^2=21$$

$$\therefore \quad AC=\underline{\sqrt{21}}$$

このとき，②から（①からでもイイ），

$$21=13+12\cos\theta \qquad \therefore \quad \cos\angle ABC=\underline{\dfrac{2}{3}}$$

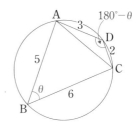

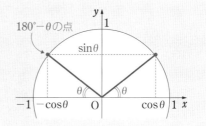

補足 単位円において，$\sin$ は y 座標，$\cos$ は x 座標だから，

$$\sin(180°-\theta)=\sin\theta$$

$$\cos(180°-\theta)=-\cos\theta$$

が成り立ちます。

▶問題は本冊p.93

テーマ 19 三角形の面積

A 右図のように θ をおくと，余弦定理より，

$$\cos\theta = \frac{6^2+7^2-5^2}{2\cdot 6\cdot 7} = \frac{5}{7}$$

$$\therefore \quad \sin\theta = \frac{2\sqrt{6}}{7}$$

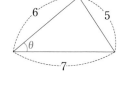

よって，T の面積は，

$$T = \frac{1}{2}\cdot 6\cdot 7\sin\theta = \frac{1}{2}\cdot 6\cdot 7\cdot \frac{2\sqrt{6}}{7} = \underline{\underline{6\sqrt{6}}}$$

B 余弦定理より，

$$c^2 = (1+\sqrt{3})^2 + 2^2 - 2\cdot(1+\sqrt{3})\cdot 2\cos 60°$$

$$= (4+2\sqrt{3}) + 4 - 2(1+\sqrt{3})\cdot 2\cdot \frac{1}{2}$$

$$= 6$$

$$\therefore \quad c = \underline{\underline{\sqrt{6}}}$$

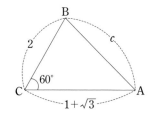

次に，$\triangle ABC$ の面積に注目して，

$$\frac{1}{2}r\{(1+\sqrt{3})+2+\sqrt{6}\} = \frac{1}{2}(1+\sqrt{3})\cdot 2\sin 60°$$

$$\Longleftrightarrow \quad \frac{1}{2}r(\sqrt{3}+\sqrt{6}+3) = \frac{1}{2}(1+\sqrt{3})\cdot 2\cdot \frac{\sqrt{3}}{2}$$

$$\Longleftrightarrow \quad r\cdot\sqrt{3}(1+\sqrt{2}+\sqrt{3}) = \sqrt{3}(1+\sqrt{3})$$

$$\Longleftrightarrow \quad r = \frac{1+\sqrt{3}}{1+\sqrt{2}+\sqrt{3}}$$

これを答としてもイイのですが，練習になるので，分母を有理化しましょう！

$$\therefore \quad r = \frac{1+\sqrt{3}}{1+\sqrt{2}+\sqrt{3}}\cdot \frac{(1+\sqrt{2})-\sqrt{3}}{(1+\sqrt{2})-\sqrt{3}}$$

$$= \frac{(1+\sqrt{3})(1-\sqrt{3})+(1+\sqrt{3})\cdot\sqrt{2}}{(3+2\sqrt{2})-3}$$

$$= \frac{-2+\sqrt{2}+\sqrt{6}}{2\sqrt{2}}$$

$$= \underline{\underline{\frac{-\sqrt{2}+1+\sqrt{3}}{2}}}$$

テーマ**20** 順列・組合せ

▶問題は本冊*p*.101

Ａ　●3桁の整数

　百の位は，0以外の5通り。

　十の位は，百の位の数字以外の5通り。

　一の位は，残りの数字の4通り。

　よって，求める場合の数は，

　　　$5 \cdot 5 \cdot 4 = \underline{100}$（通り）

　　　（右図は百の位が1の場合の樹形図）

　●3桁の整数のうち4の倍数

　4の倍数になるのは下2桁が4の倍数の場合である。

　よって，本問においては下2桁が，

　　　04，12，20，24，32，40，52

の7パターンの場合である。

　このなかで，04，20，40の場合の百の位は4通りずつであり，ほかの

4パターンは百の位に0が使えないから3通りずつ。よって，求める場合の数は，

　　　$3 \cdot 4 + 4 \cdot 3 = \underline{\underline{24}}$（通り）

```
                              一の位
                              ┌ 2
                      十の位  │ 3
                        0 ────┤ 4
                              └ 5
                              ┌ 0
                              │ 3
                        2 ────┤ 4
                              └ 5
             百の位          ┌ 0
               1 ──── 3 ─────┤ 2
                              │ 4
                              └ 5
                              ┌ 0
                              │ 2
                        4 ────┤ 3
                              └ 5
                              ┌ 0
                              │ 2
                        5 ────┤ 3
                              └ 4
```

Ｂ　●**A**と**B**が隣り合うような並び方

　AとBを1カタマリ$\boxed{\text{AB}}$と見て，

　　　$\boxed{\text{AB}}$，C，D，E，F，G，H

の7個を並べると考えると7!通り。

　$\boxed{\text{AB}}$のなかの並び方はABとBAの2通りあるから，求める場合の数は，

　　　$7! \cdot 2 = 7 \cdot 6 \cdot ⑤ \cdot 4 \cdot 3 \cdot ② \cdot 1 \cdot 2 = \underline{\underline{10080}}$（通り）
　　　　　　　　　　　　10

　●**A**と**B**の間にちょうど2人が並ぶような並び方

　AとBが並ぶ場所は右図の5パターンの　□

の部分であり，それぞれ，

　　　A，Bの並び方が2通り

　　　ほかの6人の並び方が6!通り

なので，求める場合の数は，

　　　$5 \cdot 2 \cdot 6! = ⑤ \cdot 2 \cdot 6 \cdot ⑤ \cdot ④ \cdot 3 \cdot 2 \cdot 1 = \underline{\underline{7200}}$（通り）
　　　　　　　　　　　　100

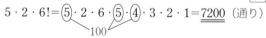

● 女子どうしが隣り合わないような並び方

まず男子5人を1列に並べると5!通り。

その男子5人の「端orスキマ」6箇所のうち3箇所を選ぶと，$_6C_3$通り。選んだ3箇所に女子3人を並べて3!通り。

よって，求める場合の数は，

$$5! \cdot {}_6C_3 \cdot 3! = 5 \cdot 4 \cdot 3 \cdot 2 \cdot 1 \cdot \frac{6 \cdot 5 \cdot 4}{3 \cdot 2 \cdot 1} \cdot 3 \cdot 2 \cdot 1$$

$$= \underline{14400}（通り）$$

男 男 男 男 男
∧ ∧ ∧ ∧ ∧ ∧
女 女　女

C 男子3人と女子2人の選び方は，

$$_5C_3 \cdot {}_5C_2 = {}_5C_2 \cdot {}_5C_2 = \frac{5 \cdot 4}{2 \cdot 1} \cdot \frac{5 \cdot 4}{2 \cdot 1} = \underline{100}（通り）$$

男子1人と女子4人の選び方は，

$$_5C_1 \cdot {}_5C_4 = {}_5C_1 \cdot {}_5C_1 = 5 \cdot 5 = \underline{25}（通り）$$

同様に，

男子2人と女子3人の選び方……$_5C_2 \cdot {}_5C_3 = 100$（通り）

男子4人と女子1人の選び方……$_5C_4 \cdot {}_5C_1 = 25$（通り）

男子0人と女子5人の選び方……1（通り）

なので，女子が少なくとも1人は含まれるような選び方は，

$$100 + 25 + 100 + 25 + 1 = \underline{251}（通り）$$

D (1)　● 4人の組と5人の組に分ける

❶ （4人），❷ （5人）に分けるとして，9人から❶の4人を選んで，

$$_9C_4 = \frac{9 \cdot 8 \cdot 7 \cdot 6^2}{4 \cdot 3 \cdot 2 \cdot 1} = \underline{126}（通り）$$

> このとき残りの5人が自動的に❷に入ります

● **A** と **B** が同じ組になるように分ける

❶ （A，B，2人），❷ （5人）に分ける場合

A，B以外の7人から❶の2人を選んで，

$$_7C_2 = \frac{7 \cdot 6^3}{2 \cdot 1} = 21（通り）$$

❶ （4人），❷ （A，B，3人）に分ける場合

A，B以外の7人から❶の4人を選んで，

$$_7C_4 = {}_7C_3 = \frac{7 \cdot 6 \cdot 5}{3 \cdot 2 \cdot 1} = 35（通り）$$

よって，求める場合の数は，

$$21 + 35 = \underline{56}（通り）$$

● **C が A，B とは別の組になるように分ける**

❶　(A，B，2人)，❷　(C，4人)に分ける場合

A，B，C 以外の 6 人から❶の 2 人を選んで，

$$_6C_2 = \frac{\overset{3}{\cancel{6}} \cdot 5}{\cancel{2} \cdot 1} = 15 \text{（通り）}$$

❶　(C，3人)，❷　(A，B，3人)に分ける場合

A，B，C 以外の 6 人から❶の 3 人を選んで，

$$_6C_3 = \frac{\cancel{6} \cdot 5 \cdot 4}{\cancel{3} \cdot \cancel{2} \cdot 1} = 20 \text{（通り）}$$

よって，求める場合の数は，

$$15 + 20 = \underline{\underline{35}} \text{（通り）}$$

(2)　❶　(3人)，❷　(3人)，❸　(3人)に分けるとすると，

9 人から❶の 3 人を選んで，$_9C_3$ 通り

残りの 6 人から❷の 3 人を選んで $_6C_3$ 通り

なので，$_9C_3 \cdot {}_6C_3$ 通り　……(*)

これは，求める場合の数にたいして，❶，❷，❸
の順列の数だけ重複(3! 倍)されているので，求める
場合の数は，

$$\frac{_9C_3 \cdot {}_6C_3}{3!} = \frac{\cancel{9} \cdot 8 \cdot 7}{\cancel{3} \cdot \cancel{2} \cdot 1} \cdot \frac{\cancel{6} \cdot 5 \cdot \cancel{4}}{\cancel{3} \cdot \cancel{2} \cdot 1} \cdot \frac{1}{\cancel{3} \cdot \cancel{2} \cdot 1}$$

$$= \underline{\underline{280}} \text{（通り）}$$

┌─────────────────────┐
│ 分け方　　　　　　　　　　　│
│ 　ABC，DEF，GHI　　　　│
│ の 1 通りを，(*)のなかでは，│
│ ABC　　DEF　　GHI　　│
│ ❶　　　❷　　　❸　　　│
│ ❶　　　❸　　　❷　　　│
│ ❷　　　❶　　　❸　　　│
│ ❷　　　❸　　　❶　　　│
│ ❸　　　❶　　　❷　　　│
│ ❸　　　❷　　　❶　　　│
│ の 6 通りと数えています　　│
└─────────────────────┘

E ● **空箱ができてもよい場合**

それぞれの玉が A，B，C から 1 つを選ぶと考えて(6 回くり返されるので)，

$$3^6 = \underline{\underline{729}} \text{（通り）}$$

● **1 つの箱だけが空となる分け方**

空になる箱を 1 つ選んで 3 通り。

残りの 2 箱への玉の入れ方は $(2^6 - 2)$ 通りだから，

$$3(2^6 - 2) = 3 \cdot 62 = \underline{\underline{186}} \text{（通り）}$$

┌─────────────────────┐
│ 2^6 通りのなかには，すべての │
│ 玉が 1 箱に入る場合の 2 通り │
│ が含まれています　　　　　│
└─────────────────────┘

● **1 つも空箱ができないような分け方**

空箱が 2 つできるのは，すべての玉が 1 つの箱に入る場合であり，それは，A，B，
C から 1 つを選んで 3 通り。

よって，最初の 729 通りから「空箱ができる場合」を除外して，

$$729 - (186 + 3) = \underline{\underline{540}} \text{（通り）}$$

＊あえて本冊の解説とは変えて，「席選び」で解説しています。

A (1) a, a, a, a, b, b, b, c, c, d の順列は，

$$_{10}C_4 \cdot {_6}C_3 \cdot \underbrace{_3C_2}_{{}_3C_1 と等しい} = \frac{10 \cdot 9 \cdot 8 \cdot 7}{4 \cdot 3 \cdot 2 \cdot 1} \cdot \frac{6 \cdot 5 \cdot 4}{3 \cdot 2 \cdot 1} \cdot 3 = \underline{\underline{12600}} \ (通り)$$

(2) a, a, a, a, b, b, b, [cc], d の順列と考えて，

$$_9C_4 \cdot \underbrace{_5C_3}_{{}_5C_2 と等しい} \cdot 2! = \frac{9 \cdot 8 \cdot 7 \cdot 6}{4 \cdot 3 \cdot 2 \cdot 1} \cdot \frac{5 \cdot 4}{2 \cdot 1} \cdot 2 \cdot 1 = \underline{\underline{2520}} \ (通り)$$

(3) まず a, a, a, a, b, b, b を並べると $_7C_4$ 通りで，端 or スキマに，

  c, c, d を並べる ……$_8C_2 \cdot {_6}C_1$（通り）

  [cc], d を並べる ……$_8C_1 \cdot {_7}C_1$（通り）

よって，求める場合の数は，

$$\underbrace{_7C_4}_{{}_7C_3 と等しい}(_8C_2 \cdot {_6}C_1 + {_8}C_1 \cdot {_7}C_1) = \frac{7 \cdot 6 \cdot 5}{3 \cdot 2 \cdot 1}\left(\frac{8 \cdot 7}{2 \cdot 1} \cdot \overset{3}{6} + 8 \cdot 7\right)$$
$$= 7 \cdot 5 \cdot 8 \cdot 7 \cdot (3+1)$$
$$= \underline{\underline{7840}} \ (通り)$$

B ● **A** から **B** まで行く最短経路

向かって右向きへの 1 回の移動を *x*,

上向きへの 1 回の移動を *y* とすると，

x, x, x, x, x, y, y, y, y の順列に対応するから，

$$_9C_5 = {_9}C_4 = \frac{9 \cdot \overset{2}{8} \cdot 7 \cdot 6}{4 \cdot 3 \cdot 2 \cdot 1} = \underline{\underline{126}} \ (通り)$$

● **C** も **D** も通る最短経路

A から **C** までの経路は図から 2 通り。

C から **D** までの経路は，x, x, y, y の順列に対応するから $_4C_2$ 通り。

D から **B** までの経路は，x, x, y の順列に対応するから $_3C_2$ 通り。

よって，求める最短経路の総数は，

$$2 \cdot {_4}C_2 \cdot {_3}C_2 = 2 \cdot \frac{4 \cdot 3}{2 \cdot 1} \cdot 3 = \underline{\underline{36}} \ (通り)$$

● C も D も通らない最短経路

C を通る経路は,

$$2 \cdot {}_7C_4 = 2 \cdot \frac{7 \cdot \cancel{6} \cdot 5}{\cancel{3 \cdot 2 \cdot 1}} = 70 \text{ (通り)}$$

D を通る経路は,

$${}_6C_3 \cdot {}_3C_2 = \frac{\cancel{6} \cdot 5 \cdot 4}{\cancel{3 \cdot 2 \cdot 1}} \cdot 3 = 60 \text{ (通り)}$$

C ＼ D	通る	通らない	
通る	36		70
通らない		答え	
	60		

C と D の両方を通る経路は 36 通りだから, 求める最短経路は,

$$126 - (70 + 60 - 36) = \underline{\underline{32}} \text{ (通り)}$$

C 回転して一致するものが現れないように, I の位置を固定して考える。

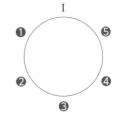

円順列は, 回転して一致するものを同一視します

右図の❶～❺に残りの D, D, E, N, A を並べて,

$${}_5C_2 \cdot 3! = \frac{5 \cdot 4}{\cancel{2} \cdot 1} \cdot 3 \cdot \cancel{2} \cdot 1$$

$$= \underline{\underline{60}} \text{ (通り)}$$

A 2個のサイコロを A，B と区別して考える。

2個のサイコロの目の数の和は右表のとおりであり，全部で 6・6 通り。

目の数の和が 3 の倍数になるのは，右表の網掛け部分を数えて 12 通り。

よって，目の数の和が 3 の倍数になる確率は，

$$\frac{12}{6 \cdot 6} = \underline{\underline{\frac{1}{3}}}$$

（2個のサイコロの目の和）

A\B	1	2	3	4	5	6
1	2	③	4	5	6	7
2	③	4	5	⑥	7	8
3	4	5	6	7	8	⑨
4	5	⑥	7	8	⑨	10
5	6	7	8	⑨	10	11
6	7	8	⑨	10	11	⑫

また，目の数の和が 3 の倍数になっている 12 通りのうち，A と B の少なくとも一方が偶数の目になっているのは，表の○がついている 9 通りである。

よって，目の数の和が 3 の倍数であるとき，少なくとも一方の目が偶数である条件付き確率は，

$$\frac{9}{12} = \underline{\underline{\frac{3}{4}}}$$

B 9個の文字をすべて区別して考える。

a_1, a_2, a_3, a_4, o_1, o_2, y_1, y_2, m

9 文字から 6 文字を選んで 1 列に並べる全事象は，

$${}_9\mathrm{P}_6 = 9 \cdot 8 \cdot 7 \cdot 6 \cdot 5 \cdot 4 \text{（通り）}$$

(1) ● **a, o, y, a, m, a** と並ぶ場合

3 個の a，1 個の o，1 個の y，1 個の m の選び方は，

$${}_4\mathrm{C}_3 \cdot {}_2\mathrm{C}_1 \cdot {}_2\mathrm{C}_1 \cdot 1 = 4 \cdot 2 \cdot 2 \text{（通り）}$$

選んだ 6 文字を aoyama の順に並べるとき，a の順番に注意して 3! 通り。

よって，求める確率は，

$$\frac{4 \cdot 2 \cdot 2 \cdot 3!}{9 \cdot 8 \cdot 7 \cdot 6 \cdot 5 \cdot 4} = \underline{\underline{\frac{1}{630}}}$$

(2) ●選んだ文字が 2 種類になる場合

文字の選び方は，aaaaoo または aaaayy の 2 通りであり，どちらも並べ方は 6! 通りだから，求める確率は，

$$\frac{2 \cdot 6!}{9 \cdot 8 \cdot 7 \cdot 6 \cdot 5 \cdot 4} = \underline{\underline{\frac{1}{42}}}$$

> 文字をすべて区別しているので，並べ方は 6! 通り

●選んだ文字が3種類になる場合

3種類になる文字の組合せは右図のとおり。

順に，文字の選び方を考えて，

$$_2C_1 \cdot {}_2C_1 + {}_2C_1 \cdot 1 + {}_2C_1 \cdot 1$$
$$+ {}_4C_3(1 \cdot {}_2C_1 + 1 \cdot 1 + {}_2C_1 \cdot 1 + 1 \cdot 1)$$
$$+ {}_4C_2 \cdot 1 \cdot 1$$
$$= 4 + 2 + 2 + 4(2 + 1 + 2 + 1) + 6$$
$$= 38 \text{（通り）}$$

$$aaaa \begin{cases} oy \\ om \\ ym \end{cases}$$

$$aaa \begin{cases} ooy \\ oom \\ oyy \\ yym \end{cases}$$

$$aa \longrightarrow ooyy$$

どの組であっても，並べ方は6!通りなので，
求める確率は，

$$\frac{\overset{19}{\cancel{38}} \cdot \cancel{6!}^{\cancel{6} \cdot \cancel{2} \cdot 1}}{\underset{3}{\cancel{9}} \cdot \underset{2}{\cancel{8}} \cdot 7 \cdot \cancel{6} \cdot \cancel{5} \cdot \cancel{4}} = \frac{19}{42}$$

●選んだ文字が4種類になる場合

4種類になる文字の組合せは右図のとおり。

順に，文字の選び方を考えて，

$$_4C_3 \cdot {}_2C_1 \cdot {}_2C_1 \cdot 1$$
$$+ {}_4C_2(1 \cdot {}_2C_1 \cdot 1 + {}_2C_1 \cdot 1 \cdot 1)$$
$$+ {}_4C_1 \cdot 1 \cdot 1 \cdot 1$$
$$= 16 + 6(2 + 2) + 4$$
$$= 44 \text{（通り）}$$

$$aaa \longrightarrow oym$$

$$aa \begin{cases} ooym \\ oyym \end{cases}$$

$$a \longrightarrow ooyym$$

どの組であっても並べ方は6!通りなので，求める確率は，

$$\frac{\overset{11}{\cancel{44}} \cdot \cancel{6!}^{\cancel{6} \cdot \cancel{2} \cdot 1}}{\underset{3}{\cancel{9}} \cdot \cancel{8} \cdot 7 \cdot \cancel{6} \cdot \cancel{5} \cdot \cancel{4}} = \frac{11}{21}$$

 補足

　　最後の確率は，**余事象**を利用して，

$$1 - \left(\frac{1}{42} + \frac{19}{42} \right) = \frac{22}{42} = \frac{11}{21}$$

と求めてもイイでしょう。しかし，筆者は**余事象をできる限り使わない解き方**で練習してほしいと思っています。

　なぜかと言うと，**❶** 全パターーンを求めて**確率の合計が1**であることを確認したほうが安全であることと，**❷** そのほうが結局，**余事象を使うべきタイミング**がわかるようになると思うからです。

　たとえば本問も，全部書いてみると「3種類」のほうがメンドウだから，先に「4種類」を求めてから余事象を利用したほうが楽ですよね？

　「少なくとも〜」ときたら余事象！　なんて覚え方は全然ダメです！

C 10枚すべてを区別して考える。

たとえば，赤の1〜5と白の1〜5

異なる10枚から，順番をつけた3枚の取り出し方は，

$$_{10}P_3 = 10 \cdot 9 \cdot 8 \text{（通り）}$$

$X_1 < X_2 < X_3$ となる取り出し方は，

1から5のなかから3個を選んで，

$$_5C_3 = 10 \text{（通り）}$$

選んだ3個の番号それぞれについて，

札は2通りずつあるから，

$$2^3 \text{（通り）}$$

$$\therefore \quad 10 \cdot 2^3 \text{（通り）}$$

したがって，求める確率は，

$$\frac{10 \cdot 2^3}{10 \cdot 9 \cdot 8} = \underline{\underline{\frac{1}{9}}}$$

たとえば，		
1	3	4

にたいして，色の決め方は，

R	R	R
R	R	W
R	W	R
W	R	R
R	W	W
W	R	W
W	W	R
W	W	W

の8通りあります

23 反復試行の確率

▶問題は本冊 *p*.113

A ● 試行が 3 回まで行われる確率

試行が 3 回まで行われるのは，1 回目と 2 回目で黒玉を取り出さないときであるから，求める確率は，

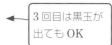
3 回目は黒玉が出ても OK

$$\left(\frac{3+1}{8}\right)^2 = \frac{1}{4}$$

● 白玉をちょうど 2 回取り出す確率

白玉をちょうど 2 回取り出すのは，

　　　白白赤，　白白黒，　白赤白，　赤白白

の 4 パターンだから，求める確率は，

$$\frac{3}{8} \cdot \frac{3}{8} \cdot \frac{1}{8} + \frac{3}{8} \cdot \frac{3}{8} \cdot \frac{4}{8} + \frac{3}{8} \cdot \frac{1}{8} \cdot \frac{3}{8} + \frac{1}{8} \cdot \frac{3}{8} \cdot \frac{3}{8}$$

$$= \frac{9+36+9+9}{8 \cdot 8 \cdot 8}$$

$$= \frac{63}{512}$$

B サイコロを 1 回振るとき 6 の目が出ることを A，ほかの目が出ることを B と表すと，

　　　A の確率 $\frac{1}{6}$，　B の確率 $\frac{5}{6}$

であり，題意を満たすのは，

　　　BBBBA,
　　　ABBAB,　BABAB,　BBAAB,
　　　AABBA,　ABABA,　BAABA,
　　　AAAAB

数えあげが基本です！

の 8 パターンであるから，求める確率は，

$$\left(\frac{1}{6}\right)^1\left(\frac{5}{6}\right)^4 + 3\left(\frac{1}{6}\right)^2\left(\frac{5}{6}\right)^3 + 3\left(\frac{1}{6}\right)^3\left(\frac{5}{6}\right)^2 + \left(\frac{1}{6}\right)^4\left(\frac{5}{6}\right)^1$$

$$= \frac{5(125+75+15+1)}{6^5} = \frac{5 \cdot 216}{6 \cdot 6 \cdot 6 \cdot 6 \cdot 6}$$

$$= \frac{5}{36}$$

場合の数・確率

テーマ23　反復試行の確率　**47**

C 1回の試行において，

$$A：0点\cdots\cdots確率\frac{1}{2}$$

$$B：1点\cdots\cdots確率\frac{1}{4}$$

$$C：2点\cdots\cdots確率\frac{1}{4}$$

		銀 貨	
		表	裏
金貨	表	2点	1点
	裏	0点	0点

とする。

(1) $X=1$ となるのは，（A4回，B1回)の場合なので，求める確率は，

$$_5C_4\left(\frac{1}{2}\right)^4\left(\frac{1}{4}\right)^1=\underline{\underline{\frac{5}{64}}}$$

(2) $X=3$ となるのは，

❶ （A2回，B3回）　　　**❷** （A3回，B1回，C1回）

の場合なので，求める確率は，

$$_5C_2\left(\frac{1}{2}\right)^2\left(\frac{1}{4}\right)^3+{_5C_3}\cdot2!\left(\frac{1}{2}\right)^3\left(\frac{1}{4}\right)^2$$

$$=\frac{5}{128}+\frac{5}{32}$$

$$=\underline{\underline{\frac{25}{128}}}$$

テ ー マ **24** 素因数分解

▶問題は本冊*p*.119

A　1188 を素因数分解すると,

$$1188 = 1100 + 88 = 11(100 + 8) = 11 \cdot 108$$
$$= 11 \cdot 4 \cdot 27 = 2^2 \cdot 3^3 \cdot 11$$

だから,1188 の正の約数は $2^x \cdot 3^y \cdot 11^z$ という形をしていて,かつ x, y, z のとりうる値は,

$$x = 0, \ 1, \ 2 \qquad y = 0, \ 1, \ 2, \ 3 \qquad z = 0, \ 1$$

なので,その個数は,

$$3 \cdot 4 \cdot 2 = \underline{\underline{24}} \ (\text{個})$$

　これらのうち,2 の倍数となるものは $2^2 \cdot 3^y \cdot 11^z$ という形をしていて,かつ x, y, z のとりうる値が,

$$x = 1, \ 2 \qquad y = 0, \ 1, \ 2, \ 3 \qquad z = 0, \ 1$$

のときなので,その個数は,

$$2 \cdot 4 \cdot 2 = \underline{\underline{16}} \ (\text{個})$$

　1188 の正の約数のうち,4 の倍数となるものは $2^2 \cdot 3^y \cdot 11^z$ という形をしていて,かつ,y, z のとりうる値が,

$$y = 0, \ 1, \ 2, \ 3 \qquad z = 0, \ 1$$

のときなので,その個数は,

$$4 \cdot 2 = \underline{\underline{8}} \ (\text{個})$$

B　正の整数 a, b $(a < b)$ の最大公約数が 8 なので,

$$a = 8A, \quad b = 8B$$

とおける。ただし,A, B は互いに素な正の整数であり,$A < B$ を満たしている。
　このとき,

$$a + b = 40 \iff 8A + 8B = 40$$
$$\iff A + B = 5$$

これを満たす正の整数 A, B の組は,

$$\begin{pmatrix} A \\ B \end{pmatrix} = \begin{pmatrix} 1 \\ 4 \end{pmatrix}, \ \begin{pmatrix} 2 \\ 3 \end{pmatrix}$$

したがって,求める a, b の組は,

$$\begin{pmatrix} a \\ b \end{pmatrix} = \begin{pmatrix} 8 \\ \underline{\underline{32}} \end{pmatrix}, \ \begin{pmatrix} 16 \\ \underline{\underline{24}} \end{pmatrix}$$

$$\begin{pmatrix} A \\ B \end{pmatrix} = \begin{pmatrix} 3 \\ 2 \end{pmatrix}, \ \begin{pmatrix} 4 \\ 1 \end{pmatrix}$$
は,$A < B$ に不適です

第 **6** 章　整数の性質

自然数 m にたいして,

$$\sqrt{m+1} = 2017 \quad \Longleftrightarrow \quad m+1 = 2017^2$$

> 一般的には「2乗」という操作は同値変形ではありませんが，今回は，両辺が正なので同値変形です

したがって,

$$
\begin{aligned}
m &= 2017^2 - 1 \\
&= (2017-1)(2017+1) \\
&= 2016 \cdot 2018 \\
&= 4 \cdot 504 \cdot 2 \cdot 1009 \\
&= 4 \cdot 126 \cdot 2 \cdot 1009 \\
&= 4 \cdot 4 \cdot 2 \cdot 63 \cdot 2 \cdot 1009 \\
&= 2^6 \cdot 3^2 \cdot 7 \cdot 1009
\end{aligned}
$$

したがって, m の最大の素因数は $\underline{1009}$ であり, m の正の約数の個数は,

$$7 \cdot 3 \cdot 2 \cdot 2 = \underline{\underline{84}} \ （個）$$

である。

参考　1009 が素数かどうか判定するのは少しタイヘンですが,

$$\sqrt{1009} \text{ 以下の素数を約数にもつかどうかを調べればイイ}$$

つまり,

$$2, \ 3, \ 5, \ 7, \ 11, \ 13, \ 17, \ 19, \ 23, \ 29, \ 31$$

で 1009 が割り切れるかどうか調べればイイのです（次の素数 37 は $37^2 = 1369 > 1009$ なので，必要ありません）。

なぜかと言うと, $\sqrt{1009}$ より大きい素数, たとえば 37 を約数にもつとすると,

$$1009 = 37k$$

となる自然数 k が存在することになりますが, $37^2 > 1009$ なので, この k は 37 より小さいはずです。

つまり, 31 までを調べた時点でこの k の値を見つけているはずなのです。

A (1) $884 = 323 \cdot 3 - 85$ ……①

$323 = 85 \cdot 4 - 17$ ……②

$85 = 17 \cdot 5$ ……③

なので,

$$G(884,\ 323) = G(323,\ 85) = G(85,\ 17) = \underline{17}$$

よって,最大公約数 $g = 17$ とおいて,③から,

$$85 = 5g$$

②から,

$$323 = 5g \cdot 4 - g = 19g = \underline{\underline{17 \cdot 19}}$$

①から,

$$884 = 19g \cdot 3 - 5g = 52g = \underline{\underline{2^2 \cdot 13 \cdot 17}}$$

(2) $8177 = 3315 \cdot 2 + 1547$ ……①

$3315 = 1547 \cdot 2 + 221$ ……②

$1547 = 221 \cdot 7$ ……③

なので,

$$G(8177,\ 3315) = G(3315,\ 1547) = G(1547,\ 221) = \underline{221}$$

よって,最大公約数 $g = 221$ とおいて,③から,

$$1547 = 7g$$

②から,

$$3315 = 7g \cdot 2 + g = 15g = \underline{\underline{3 \cdot 5 \cdot 13 \cdot 17}}$$ ◀ $221 = 13 \cdot 17$ は気づきにくいかもしれません

①から,

$$8177 = 15g \cdot 2 + 7g = 37g = \underline{\underline{13 \cdot 17 \cdot 37}}$$

B $3793 = 367 \cdot 10 + 123$

$367 - 123 \cdot 3 - 2$

123 は奇数なので,$G(123,\ 2) = 1$ である。

よって,

$$G(3793,\ 367) = G(367,\ 123) = G(123,\ 2) = 1$$

となり,最大公約数が 1 なので,3793 と 367 は互いに素である。 (証明終)

第6章

整数の性質

C

$$19343 = 4807 \cdot 4 + 115 \quad \cdots\cdots ①$$
$$4807 = 115 \cdot 42 - 23 \quad \cdots\cdots ②$$
$$115 = 23 \cdot 5 \quad\quad\quad \cdots\cdots ③$$

なので，$g = 23$ とおくと，③から，

$$115 = 5g$$

②から，

$$4807 = 5g \cdot 42 - g = 209g$$

①から，

$$19343 = 209g \cdot 4 + 5g = 841g$$

したがって，

$$\frac{4807}{19343} = \frac{209g}{841g} = \underline{\underline{\frac{209}{841}}}$$

26 余りによる分類

▶問題は本冊p.125

A 題意から,

$$109 = xk + 13, \quad 81 = xl + 9 \quad (k,\ l：自然数)$$

とおけるので,

$$xk = 96, \quad xl = 72$$

したがって,x は 96 と 72 の正の公約数である。

$96 = 2^5 \cdot 3$ と $72 = 2^3 \cdot 3^2$ の最大公約数は $2^3 \cdot 3 = 24$ だから,x は 24 の正の約数である。つまり,

$$x = 1,\ 2,\ 3,\ 4,\ 6,\ 8,\ 12,\ 24$$

に限るが,109 を割った余りが 13 であることから,$x > 13$ である。

$$\therefore \quad x = \underline{\underline{24}}$$

B (1) 自然数 n にたいして,

$$2^{n+3} - 2^n = (2^3 - 1) \cdot 2^n = 7 \cdot 2^n$$

と表せるから,$2^{n+3} - 2^n$ は 7 で割り切れる。

よって,2^{n+3} と 2^n は 7 で割った余りが等しいので,

$$R(2^{n+3}) = R(2^n)$$

と書ける。 (証明終)

(2) (1)の結論と,

$$2^1 = 2 = 7 \cdot 0 + 2$$
$$2^2 = 4 = 7 \cdot 0 + 4$$
$$2^3 = 8 = 7 \cdot 1 + 1$$

から,2^n を 7 で割った余りは,

$$2,\ 4,\ 1,\ 2,\ 4,\ 1,\ 2,\ 4,\ 1,\ \cdots\cdots$$

と,周期 3 で 2,4,1 をくり返す。

> (1)の結論から,
> $$R(2^4) = R(2^1)$$
> $$R(2^5) = R(2^2)$$
> となるので,3 個前と同じものが並びます

$2017 = 3 \cdot 672 + 1$ なので,2017 番目は 2,4,1 を 672 回くり返した次の 1 個目である。よって,

$$R(2^{2017}) = \underline{\underline{2}}$$

C x^5-x を因数分解すると,

$$x^5-x=x(x^4-1)$$
$$=x(x^2-1)(x^2+1)$$
$$=x(x-1)(x+1)(x^2+1)$$

(イ) x と $x+1$ は連続する2整数なので, どちらかは2の倍数である。
　　$2k$ と $2k+1$ で表せるはずです

したがって, $x(x-1)(x+1)(x^2+1)$ は2の倍数である。

(ロ) $x-1$, x, $x+1$ は連続する3整数なので, どれかは3の倍数である。
　　$3k$, $3k+1$, $3k+2$ で表せるはずです

したがって, $x(x-1)(x+1)(x^2+1)$ は3の倍数である。

(ハ) x を5で割った余りで分類して,

$$x=5k-2,\ 5k-1,\ 5k,\ 5k+1,\ 5k+2 \quad (k：整数)$$

とおく。

(i) $x=5k-2$ の場合

$x^2+1=(5k-2)^2+1=5(5k^2-4k+1)$ が5の倍数だから,

$x(x-1)(x+1)(x^2+1)$ は5の倍数である。

(ii) $x=5k-1$ の場合

$x+1=(5k-1)+1=5k$ が5の倍数だから, $x(x-1)(x+1)(x^2+1)$ は5の倍数である。

(iii) $x=5k$ の場合

$x=5k$ が5の倍数だから, $x(x-1)(x+1)(x^2+1)$ は5の倍数である。

(iv) $x=5k+1$ の場合

$x-1=(5k+1)-1=5k$ が5の倍数だから, $x(x-1)(x+1)(x^2+1)$ は5の倍数である。

(v) $x=5k+2$ の場合

$x^2+1=(5k+2)^2+1=5(5k^2+4k+1)$ が5の倍数だから,

$x(x-1)(x+1)(x^2+1)$ は5の倍数である。

よって, すべての整数 x にたいして $x(x-1)(x+1)(x^2+1)$ は5の倍数である。

(イ)・(ロ)・(ハ)をあわせて, すべての整数 x にたいして x^5-x は2の倍数, かつ3の倍数, かつ5の倍数である。つまり $2\cdot3\cdot5=30$ の倍数である。　　（証明終）

(1) $7x-2y=3$ は $y=\dfrac{7}{2}x-\dfrac{3}{2}$ と表せる。これは傾き $\dfrac{7}{2}$ の直線であり,

整数解の1つは $\begin{pmatrix} x \\ y \end{pmatrix} = \begin{pmatrix} 1 \\ 2 \end{pmatrix}$ だから,求める整数解は,

$$\begin{pmatrix} x \\ y \end{pmatrix} = \begin{pmatrix} 1 \\ 2 \end{pmatrix} + k\begin{pmatrix} 2 \\ 7 \end{pmatrix} = \begin{pmatrix} 1+2k \\ 2+7k \end{pmatrix} \quad (k：整数)$$

(2) $65x+31y=2016$ は,

$$y = -\frac{65}{31}x + \frac{2016}{31} = \left(-2-\frac{3}{31}\right)x + \left(65+\frac{1}{31}\right)$$

$$= -2x+65+\frac{-3x+1}{31}$$

と表せるので,整数解の1つは $\begin{pmatrix} x \\ y \end{pmatrix} = \begin{pmatrix} -10 \\ 86 \end{pmatrix}$ である。

傾きが $-\dfrac{65}{31}$ であることに注意して,整数解は,

$$\begin{pmatrix} x \\ y \end{pmatrix} = \begin{pmatrix} -10 \\ 86 \end{pmatrix} + k\begin{pmatrix} 31 \\ -65 \end{pmatrix} = \begin{pmatrix} -10+31k \\ 86-65k \end{pmatrix} \quad (k：整数)$$

$x>0,\ y>0$ なので,

$$\begin{cases} -10+31k > 0 \\ 86-65k > 0 \end{cases} \qquad \therefore \quad \frac{10}{31} < k < \frac{86}{65}$$

k は整数なので,$k=1$ である。したがって,求める整数解は,

$$\begin{pmatrix} x \\ y \end{pmatrix} = \begin{pmatrix} -10+31\cdot1 \\ 86-65\cdot1 \end{pmatrix} = \begin{pmatrix} 21 \\ 21 \end{pmatrix}$$

(3) $89x+29y=-20$ は,

$$y = \ \frac{89}{29}x \quad \frac{20}{29} = \left(\quad 3 \quad \frac{2}{29}\right)x \quad \frac{20}{29}$$

$$= -3x - \frac{2(x+10)}{29}$$

と表せるので,整数解の1つは $\begin{pmatrix} x \\ y \end{pmatrix} = \begin{pmatrix} 19 \\ -59 \end{pmatrix}$ である。

傾きが $-\dfrac{89}{29}$ であることに注意して,整数解は,

$$\begin{pmatrix} x \\ y \end{pmatrix} = \begin{pmatrix} 19 \\ -59 \end{pmatrix} + k\begin{pmatrix} 29 \\ -89 \end{pmatrix} = \begin{pmatrix} 19+29k \\ -59-89k \end{pmatrix} \quad (k：整数)$$

第6章 整数の性質

$x > 0$ なので,

$$19 + 29k > 0 \qquad \therefore \quad -\frac{19}{29} < k$$

したがって, 求める整数解は,

$$\begin{pmatrix} x \\ y \end{pmatrix} = \begin{pmatrix} 19 + 29k \\ -59 - 89k \end{pmatrix} \quad (k : 0 以上の整数)$$

(4) $xy - 3x = 5 \iff x(y - 3) = 5$

と表せるので, x, y が整数のとき,

$$\begin{pmatrix} x \\ y - 3 \end{pmatrix} = \begin{pmatrix} 1 \\ 5 \end{pmatrix}, \begin{pmatrix} 5 \\ 1 \end{pmatrix}, \begin{pmatrix} -1 \\ -5 \end{pmatrix}, \begin{pmatrix} -5 \\ -1 \end{pmatrix}$$

$$\therefore \quad \begin{pmatrix} x \\ y \end{pmatrix} = \begin{pmatrix} 1 \\ 8 \end{pmatrix}, \begin{pmatrix} 5 \\ 4 \end{pmatrix}, \begin{pmatrix} -1 \\ -2 \end{pmatrix}, \begin{pmatrix} -5 \\ 2 \end{pmatrix}$$

(5) $xy - 3x - 3y = 0 \iff (x - 3)(y - 3) = 9$

と表せるので, $0 \leqq x \leqq y$ から $-3 \leqq x - 3 \leqq y - 3$ であることに注意して,

$$\begin{pmatrix} x - 3 \\ y - 3 \end{pmatrix} = \begin{pmatrix} 1 \\ 9 \end{pmatrix}, \begin{pmatrix} 3 \\ 3 \end{pmatrix}, \begin{pmatrix} -3 \\ -3 \end{pmatrix}$$

$$\therefore \quad \begin{pmatrix} x \\ y \end{pmatrix} = \begin{pmatrix} 4 \\ 12 \end{pmatrix}, \begin{pmatrix} 6 \\ 6 \end{pmatrix}, \begin{pmatrix} 0 \\ 0 \end{pmatrix}$$

(6) $xy = 2x + 2y + 2 \iff (x - 2)(y - 2) = 6$

と表せるので, $x \geqq y$ から $x - 2 \geqq y - 2$ であることに注意して,

$$\begin{pmatrix} x - 2 \\ y - 2 \end{pmatrix} = \begin{pmatrix} 3 \\ 2 \end{pmatrix}, \begin{pmatrix} 6 \\ 1 \end{pmatrix}, \begin{pmatrix} -1 \\ -6 \end{pmatrix}, \begin{pmatrix} -2 \\ -3 \end{pmatrix}$$

$$\therefore \quad \begin{pmatrix} x \\ y \end{pmatrix} = \begin{pmatrix} 5 \\ 4 \end{pmatrix}, \begin{pmatrix} 8 \\ 3 \end{pmatrix}, \begin{pmatrix} 1 \\ -4 \end{pmatrix}, \begin{pmatrix} 0 \\ -1 \end{pmatrix}$$

(7) $\dfrac{1}{x} + \dfrac{1}{y} = \dfrac{3}{10} \iff 10y + 10x = 3xy$

$$\iff 3xy - 10x - 10y = 0$$

$$\iff (3x - 10)\left(y - \frac{10}{3}\right) = \frac{100}{3}$$

$$\iff (3x - 10)(3y - 10) = 100$$

と表せるので, $5 \leqq x \leqq y$ から $5 \leqq 3x - 10 \leqq 3y - 10$ であることと, $\underset{=3(x-4)+2}{\underline{\underline{3x - 10}}}$ と $3y - 10$ はともに 3 で割った余りが 2 の整数であることに注意して,

$$\begin{pmatrix} 3x - 10 \\ 3y - 10 \end{pmatrix} = \begin{pmatrix} 5 \\ 20 \end{pmatrix} \qquad \therefore \quad \begin{pmatrix} x \\ y \end{pmatrix} = \begin{pmatrix} 5 \\ 10 \end{pmatrix}$$

(8) $\left(1+\dfrac{1}{x}\right)\left(1+\dfrac{1}{y}\right)=\dfrac{5}{3}$ $\iff$ $3(x+1)(y+1)=5xy$

$\iff$ $3xy+3x+3y+3=5xy$

$\iff$ $2xy-3x-3y=3$

$\iff$ $(2x-3)\left(y-\dfrac{3}{2}\right)=\dfrac{15}{2}$

$\iff$ $(2x-3)(2y-3)=15$

と表せるので，$1<x<y$ から $-1<2x-3<2y-3$ であることに注意して，

$$\binom{2x-3}{2y-3}=\binom{1}{15},\ \binom{3}{5} \qquad \therefore \quad \binom{x}{y}=\binom{2}{9},\ \binom{3}{4}$$

Ａ　$1101001_{(2)} = 1 \cdot 64 + 1 \cdot 32 + 1 \cdot 8 + 1 \cdot 1$
　　　　　　　$= \underline{\underline{105}}$
　　　　$29 = 1 \cdot 25 + 4 \cdot 1$
　　　　　　$= \underline{\underline{104}}_{(5)}$

2^6	2^5	2^4	2^3	2^2	2^1	1
1	1	0	1	0	0	1

5^2	5^1	1
1	0	4

Ｂ　(1)　a, b, c が 5 進法と 7 進法の各位の数であることから，a，b は 1 以上 4 以下の整数であり，c は 0 以上 4 以下の整数である。

　　　求める数を N とすると，

　　　　$N = a \cdot 7^2 + b \cdot 7 + c = b \cdot 5^2 + c \cdot 5 + a$

　　　　$\Longleftrightarrow \quad 48a = 18b + 4c$

　　　　$\Longleftrightarrow \quad 24a = 9b + 2c$

7^2	7^1	1		5^2	5^1	1
a	b	c	$=$	b	c	a

　　ここで，$24a - 9b$ は 3 の倍数だから，c は $c = 0$, 3 に限る。

　　（i）$c = 0$ の場合，$24a = 9b + 2c$ から，

　　　　　$24a = 9b \quad \Longleftrightarrow \quad 8a = 3b$

　　　　これを満たす b は 8 の倍数であるが，$1 \leqq b \leqq 4$ なので不適。

　　（ii）$c = 3$ の場合，$24a = 9b + 2c$ から，

　　　　　$24a = 9b + 6 \quad \Longleftrightarrow \quad 8a = 3b + 2$

　　　　$1 \leqq b \leqq 4$ に注意して，適する a，b は $a = 1$，$b = 2$ である。

　　以上から，求める数 N は，

　　　　$N = 1 \cdot 7^2 + 2 \cdot 7 + 3 = \underline{\underline{66}}$

　(2)　$123 = 2 \cdot 7^2 + 3 \cdot 7 + 4$ なので，両辺を $7^3 = 343$ で割ると，

　　　　$\dfrac{123}{343} = \dfrac{2}{7} + \dfrac{3}{7^2} + \dfrac{4}{7^3} = \underline{\underline{0.234}}_{(7)}$

	7^{-1}	7^{-2}	7^{-3}
$0.$	2	3	4

ﾃｰﾏ **29** 平均値・分散・標準偏差　▶問題は本冊p.137

A (1) まず平均値$\overline{x}$を求めると，

$$\overline{x} = \frac{2+3+3+4+4+5+5+5+6+6+7+7+7+8+8+9+10+10}{20}$$

$$= \frac{120}{20}$$

$$= 6$$

したがって，分散$s_x{}^2$は，

$$s_x{}^2 = \frac{1}{20}\{(-4)^2+(-3)^2+(-3)^2+(-2)^2+(-2)^2+(-1)^2+(-1)^2$$

$$+(-1)^2+(-1)^2+0^2+0^2+0^2+1^2+1^2+1^2+2^2+2^2+3^2+4^2+4^2\}$$

$$= \frac{1}{20}(16+9+9+4+4+1+1+1+1+0+0+0+1+1+1+4+4+9$$

$$+16+16)$$

$$= \frac{98}{20}$$

$$= \underline{\underline{4.9}}$$

(2) 女子 20 人の点数をx_1，$\cdots$，x_{20}，男子 10 人の点数をy_1，$\cdots$，y_{10}とするとき，全 30 人の平均点$\overline{z}$は，$\overline{y}=6$より，

$$\overline{z} = \frac{(x_1+\cdots+x_{20})+(y_1+\cdots+y_{10})}{30}$$

$$= \frac{20\cdot 6+10\cdot 6}{30}$$

$$= \underline{\underline{6}}$$

$$\overline{x} = \frac{x_1+\cdots+x_{20}}{20} = 6$$

$$\overline{y} = \frac{y_1+\cdots+y_{10}}{10} = 6$$

したがって，全 30 人の分散$s_z{}^2$は，$s_y{}^2=2^2$より，

$$s_z{}^2 = \frac{(x_1-6)^2+\cdots+(x_{20}-6)^2+(y_1-6)^2+\cdots+(y_{10}-6)^2}{30}$$

$$= \frac{20s_x{}^2+10s_y{}^2}{30}$$

$$= \frac{20\cdot 4.9+10\cdot 4}{30}$$

$$= \frac{138}{30}$$

$$= \underline{\underline{4.6}}$$

$$s_x{}^2 = \frac{(x_1-6)^2+\cdots+(x_{20}-6)^2}{20} = 4.9$$

$$s_y{}^2 = \frac{(y_1-6)^2+\cdots+(y_{10}-6)^2}{10} = 2^2$$

第 **7** 章　データの分析

B 分散の定義より,

$$s_x{}^2 = \frac{1}{n}\{(x_1 - \overline{x})^2 + \cdots + (x_n - \overline{x})^2\}$$

$$= \frac{1}{n}\{(x_1{}^2 - 2x_1\overline{x} + (\overline{x})^2) + \cdots + (x_n{}^2 - 2x_n\overline{x} + (\overline{x})^2)\}$$

$$= \frac{1}{n}\{(x_1{}^2 + \cdots + x_n{}^2) - 2\underbrace{(x_1 + \cdots + x_n)}_{=n\overline{x}}\overline{x} + n(\overline{x})^2\}$$

$$= \frac{1}{n}\{(x_1{}^2 + \cdots + x_n{}^2) - n(\overline{x})^2\}$$

$$= \overline{x^2} - (\overline{x})^2 \qquad\qquad\qquad\qquad （証明終）$$

C (1) まず平均値 $\overline{x}$ を求めると,

$$\overline{x} = \frac{7+3+6+3+4+4+6+8+9+3}{10} = 5.3$$

なので, 分散 $s_x{}^2$ は,

$$s_x{}^2 = \frac{49+9+36+9+16+16+36+64+81+9}{10} - 5.3^2$$

$$= 32.5 - 28.09$$

$$= \underline{\underline{4.41}}$$

> B で示した式を利用！

(2) もとの 10 個のデータを $x_1, \cdots, x_{10}$ として, $y_k = 3x_k + 1$ とすると,

$$\overline{y} = \frac{y_1 + \cdots + y_{10}}{10} = \frac{(3x_1 + 1) + \cdots + (3x_{10} + 1)}{10}$$

$$= \frac{3(x_1 + \cdots + x_{10}) + 10}{10}$$

$$= 3\overline{x} + 1$$

$$= 3 \cdot 5.3 + 1$$

$$= \underline{\underline{16.9}}$$

$$s_y{}^2 = \frac{(y_1 - \overline{y})^2 + \cdots + (y_{10} - \overline{y})^2}{10}$$

$$= \frac{\{(3x_1 + 1) - (3\overline{x} + 1)\}^2 + \cdots + \{(3x_{10} + 1) - (3\overline{x} + 1)\}^2}{10}$$

$$= \frac{9(x_1 - \overline{x})^2 + \cdots + 9(x_{10} - \overline{x})^2}{10}$$

$$= 9s_x{}^2$$

$$= 9 \cdot 4.41$$

$$= \underline{\underline{39.69}}$$

相関係数は，

$$\frac{(共分散)}{(1回目の標準偏差)\cdot(2回目の標準偏差)} = \frac{54.30}{8.21 \cdot 6.98}$$

$$= \frac{54.30}{57.3058}$$

$$= 0.9475\cdots\cdots$$

よって，最も近い値は　⑦ 0.95　である。

補足　実際には，選択肢のなかから選ぶのだから大ざっぱに計算して，

$$\frac{54.30}{8.21 \cdot 6.98} \fallingdotseq \frac{54}{8 \cdot 7} = \frac{27}{28} = 0.9642\cdots\cdots$$

ぐらいで概数を出すのが有効でしょう。

さくいん

＊無印の場合は本冊のページを，★がある場合は別冊のページ数をそれぞれ表しています。
＊本冊・別冊の初出ページ，またはとくに参照すべきページのみを表しています。